走进大自然丛书
ZOUJIN DAZIRAN
CONGSHU

Bianhuan moce
de qihou

（最新版）
变幻莫测的气候
本书编写组 ◎ 编

世界图书出版公司
广州·北京·上海·西安

图书在版编目（CIP）数据

变幻莫测的气候/《变幻莫测的气候》编写组编
.—广州：广东世界图书出版公司，2010.4（2024.2重印）
　ISBN 978-7-5100-1601-1

Ⅰ.①变… Ⅱ.①变… Ⅲ.①气候－青少年读物
Ⅳ.①P46-49

中国版本图书馆CIP数据核字（2010）第059283号

书　　　名	变幻莫测的气候 BIANHUAN MOCE DE QIHOU
编　　　者	《变幻莫测的气候》编写组
责任编辑	李翠英
装帧设计	三棵树设计工作组
出版发行	世界图书出版有限公司　世界图书出版广东有限公司
地　　　址	广州市海珠区新港西路大江冲25号
邮　　　编	510300
电　　　话	020-84452179
网　　　址	http://www.gdst.com.cn
邮　　　箱	wpc_gdst@163.com
经　　　销	新华书店
印　　　刷	唐山富达印务有限公司
开　　　本	787mm×1092mm　1/16
印　　　张	10
字　　　数	120千字
版　　　次	2010年4月第1版　2024年2月第11次印刷
国际书号	ISBN　978-7-5100-1601-1
定　　　价	48.00元

版权所有　翻印必究

（如有印装错误，请与出版社联系）

前　言
PREFACE

　　天气，就是一个地区短时间内大气冷热、阴晴、风雨、云量等气象变化的情况。它既是人类生活环境要素之一，又向人类提供生产和生活的重要资源。它对人类的生产、生活发生直接的作用，农业、工业、交通、国防等等，都不可避免地受到天气的影响。

　　美国大片《2012》，是最震撼的通过艺术形式告诉大众，天气对人类的影响是如何巨大的。尽管我们每个人对天气的变化带来的影响有着不同的感知，但面对这样惊悚的天气巨变场景还是目瞪口呆。可以这样说，天气不但决定我们日常的衣食住行，还能决定我们整个人类的命运。

　　夏雨、冬雪、秋霜、台风、海啸、冰雹这些司空见惯的天气现象是如何形成的？海洋性气候、温带气候等气候类型是如何定义的？又有哪些因素决定了这些天气变化和气候的形成？决定我们食物丰匮的干旱或洪涝灾害是如何出现的？这一切都在天气这个集合内。就让我们一起走进本书，一睹天气的真相。

目录

天气、气象和气候

- 天气及其成因 ························· 1
- 天气的历史与将来 ····················· 11

气候的类型

- 酷热的热带气候 ······················· 17
- 宜人的温带气候 ······················· 20
- 独特的地中海气候 ····················· 22
- 冰冷的寒带气候 ······················· 24
- 降水不匀的草原气候 ··················· 25
- 干旱的沙漠气候 ······················· 26
- 风向冬夏变换明显的季风气候 ··········· 28
- 小气候 ······························· 29
- 海洋性气候与大陆性气候 ··············· 29

多姿多彩的天气现象

- 流动的风 ····························· 32
- 变幻的云 ····························· 34
- 雨、雪和雾 ··························· 37
- 雾凇与雨凇 ··························· 49

美丽的虹霞和晕华 ………………………………… 53
闪耀响亮的雷电 …………………………………… 57
亮晶晶的霜露 ……………………………………… 60

漫谈气候变化

变化的气候 ………………………………………… 63
气候变化的影响 …………………………………… 69
气候变化知多少 …………………………………… 73
解密"圣婴"——厄尔尼诺 ……………………… 77
冷女孩——拉尼娜 ………………………………… 83
气候乱象 …………………………………………… 86

气象灾害

气候异常的影响 …………………………………… 90
土地荒漠化 ………………………………………… 92
肆虐的旱灾 ………………………………………… 95
无情的洪涝 ………………………………………… 97
可怕的雪灾 ………………………………………… 98
天昏地暗的沙尘暴 ………………………………… 106
骇人的热带风暴 …………………………………… 112
强劲的台风 ………………………………………… 116
猛烈的龙卷风 ……………………………………… 120
急剧降温的寒潮 …………………………………… 125
天降煞星——冰雹 ………………………………… 128
风暴潮 ……………………………………………… 133
可怖的海啸 ………………………………………… 137
大自然的复仇——全球气候变暖 ………………… 139
天气灾害的警示 …………………………………… 150

天气、气象和气候

　　天气是一定区域短时段内的大气状态（如冷暖、风雨、干湿、阴晴等）及其变化的总称。天气系统通常是指引起天气变化和分布的高压、低压和高压脊、低压槽等具有典型特征的大气运动系统。各种天气系统都具有一定的空间尺度和时间尺度，而且各种尺度系统间相互交织、相互作用。许多天气系统的组合，构成大范围的天气形势，构成半球甚至全球的大气环流。

　　天气系统总是处在不断新生、发展和消亡过程中，在不同发展阶段有其相对应的天气现象，因而一个地区的天气和天气变化是同天气系统及其发展阶段相联系的，是大气的动力过程和热力过程的综合结果。

天气及其成因

　　"气象"、"天气"、"气候"这三个词，我们几乎天天都要碰到。当你打开收音机、电视机或是翻开报纸，就会听到或看到天气预告的消息；当您要到某地出差，总要向别人打听一下那里的气候、天气等情况。然而，"气象"、"天气"和"气候"的确切含义是什么，它们有什么区别？可能有些人会将其混为一谈，认为反正都是天气呗！其实三者的含义既有一定的区别，相互之间又有着密切的联系。

　　"气象"，用通俗的话来说，它是指发生在天空中的风、云、雨、雪、霜、露、虹、晕、闪电、打雷等一切大气的物理现象。

"天气",是指影响人类活动瞬间气象特点的综合状况。例如,我们可以说:"今天天气很好,风和日丽,晴空万里;昨天天气很差,风雨交加"等,而不能把这种天气说成是气象。

"气候",是指整个地球或其中某一个地区一年或一段时期的气象状况的多年特点。例如,昆明四季如春;长江流域的大部分地区,春、秋暖和,盛夏炎热,冬季寒冷,我们就称这里是"四季分明的温带气候";每年的7月下旬和8月上旬是北京的雨季,我们就说这是北京的气候特点。

气候的形成主要是由于热量的变化而引起的,其形成因素主要存在以下6个方面。

辐射的作用

海陆表面的热能主要来自太阳,太阳辐射能是大气中一切物理过程的原动力。各地气候差异的基本原因是太阳辐射能量在地球上分布不均匀。各地全年所得太阳辐射因纬度而异,即随着纬度的增高而减少。各地所得太阳辐射量的季节变化也因纬度而不同,即随纬度的增高季节变化加大。由此可看出,气候的不同首先表现在纬度的差异上。

如果把地面和上面的空气柱看做是一个整体,那么收入的辐射(地面和大气吸收的太阳辐射)和支出辐射(返回宇宙间的地面和大气的长波辐射)的差额,就是地—气系统的辐射平衡。辐射差额赤道最大,向高纬度逐渐变小,由赤道到纬度30°地区为正值,在30°以北变为负值。它的绝对值向高纬度增加而到极地为最大。由此可见,热带和副热带热量收入大于支出,而温度和寒带则支出大于收入,因此必然会发生热量由赤道向两极输送的情况。

我们分析一下纬度所引起的辐射因子的最简单的情况,也就是在大气上界的太阳辐射情况,即天文辐射。因为大气上界排除了大气对太阳辐射的影响,太阳光热的分布只受日地距离、日照时数和太阳高度(即太阳入射角)3个因素的影响。尽管这是一种纯理论研究的理想情况,但它与今天地表面的实际辐射情况大体相似,而且,它是实际辐射情况的基础,是今天世界辐射分布和气候状况的基本轮廓。因此,它具有现实意义。

(1) 天文辐射日总量的分布在纬度方向上是不均衡的。在春、秋分日，太阳直射赤道，单位面积上所获得太阳光热最多，而且在南北半球各相当纬度的太阳高度角对称分布，大致相同，日照时间也相等，获得等量的太阳辐射，并向两极逐渐减少。故赤道地区全年有2个最高值（春分日和秋分日），低纬度气温的年变化具有"双峰型"的特点。在夏至日，太阳直射北回归线，这时南极圈以内的地区出现极夜，日照时间自南极圈向北逐渐增大；太阳高度自南极圈的0°逐渐向北增大，至北回归线达最高，再向北又逐渐减小。因此，太阳辐射的分布自南极圈起向北递增。在北极圈附近，由于日照时数的增长大于因太阳高度角的减小而少得的太阳辐射，所以到达北极出现了最高值（冬至日情况与此相反），这样，就使高、中纬度的气温年变化呈现"单峰型"的特点。

(2) 天文辐射日总量的年变化是随纬度的增高而加大的。赤道上为109卡/（厘米^2·日）（1卡＝4.18焦耳），而极地则为1110卡/（厘米^2·日），二者相差10倍。这和气温年变化随纬度的增高而加大的特点是一致的。

(3) 天文辐射的年总量随纬度的增加而递减。最高值出现在赤道，最小值在极地。这正和赤道在一年之内太阳高度角最大，获得的热量最多，气温随纬度的增高而降低的规律相符合。

(4) 太阳辐射最高值，夏半年在北纬20°~30°附近的地区，由此向南、向北减少，且南北之间的辐射量差异小。

(5) 同一纬度地带，日、季、年辐射量到处都相同，这表明天文辐射具有纬向带状分布的特点。这就是气温呈纬向分布的基本原因。

天文辐射的纬向分布特点，使地球上出现相应的纬向气候带。如赤道带、热带、副热带、温带、寒带等，都称为天文气候带。这是理想的气候带，但实际气候情况远为复杂，但这已形成全球气候的基本轮廓。

大气环流的作用

在高纬与低纬之间、海洋与陆地之间，由于冷热不均出现气压差异，在气压梯度力和地转偏向力的作用下，形成地球上的大气环流。大气环流引导着不同性质的气团活动、锋、气旋和反气旋的产生和移动，对气候的形成有着重要的意义。常年受低压控制,以上升气流占优势的赤道带,降水充沛,森林茂密;相反,受高压控制,以下沉气流占优势的副热带,则降水稀少,形成沙漠。来自高纬或内陆的气团寒冷干燥,来自低纬或海洋的气团温和湿润。一个地区在一年里受2种性质不同的气团控制,气候便有明显的季节变化。如我国大部分地区气候冬季寒冷干燥,夏季炎热多雨,则是受极地大陆气团和热带海洋气团冬夏交替控制的结果。总之,从全球来讲,大气环流在高低纬之间、海陆之间进行着大量的热量和水分输送。在经向方向的热量输送上,大气环流输送的热量约占80%。在大气环流和洋流的共同作用下,使热带温度降低了7℃~13℃,中纬度温度则有所升高,北纬60°以上的高纬地区竟升高达20℃。

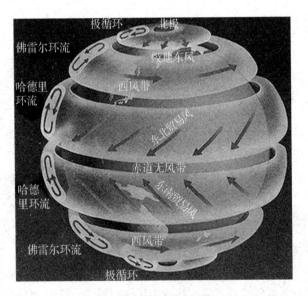

大气环流是决定气候形成因素之一

　　大气环流水分输送,也起着重要的作用。大气中水分输送的多少、方向和速度与环流形势密切相关。北半球,水汽的输送以北纬30°附近为中心,向北通过西风气流输送至中、高纬度;向南通过信风气流输送至低纬度。我国的水汽输送,主要有2支:一支来自孟加拉湾、印度洋和南海,随西南气流输入我国;另一支来自大西洋和北冰洋,随西北气流输入我国。南方一支输送量大，北方一支输送量小，两者的界线是黄淮之间和秦岭一线，基本上相当于气候上的湿润和半湿润的界线，秦岭—淮河一线也大体是我国南北地区的分界线。

降水的形成离不开天气系统，离不开云、水汽的输入和空气的垂直上升运动。这一切都和环流形势紧密相连。例如，降水量的多少和进入各种天气系统的水汽量有关，暖湿赤道空气的流入能在几小时或1小时以内产生100毫米的降水；雷暴降水量的多少可和流入积雨云内水汽量的多少成正比。世界降水的分布有2个高峰和2个低峰，即2个多雨带和2个少雨带。2个多雨带和赤道辐合带、极锋辐合带2个气流辐合带的位置基本相符；2个少雨带和副热带高压带、极地高压带2个气压带的位置一致。

大气环流在气候的形成中起着极其重要的作用。在不同的环流控制下就会有不同的气候。即使同一环流系统，如环流的强度发生改变，则它所控制的地区的气候也将发生改变；如环流出现异常情况，则气候也将出现异常。大气环流状况的变化，可用经向环流和纬向环流的强弱和转换来表示。某地区在较长时间内的大气环流的变化都有一个该时期的平均状况。当某年某一段长时间内的经向环流和纬向环流的持续时间和转换频率大大超过该时期的平均状况时，则称某年某一段长时间内的大气环流状况为环流异常。由于环流异常，必然引起气压场、温度场、湿度场和其他气象要素值出现明显的偏差，从而导致降水和冷暖的异常，出现旱涝和持续严寒等气候异常情况。

世界气象组织在1972年度报告中指出："1972年世界的天气是历史上最异常的年份之一。"这一年，1月，美国密执安州的功圣马利降雨、雪量达1351.3毫米，超过正常年份10倍以上；2月，强烈暴风雪袭击了伊朗南部，在阿尔达坎地区，许多村庄被埋在8米深的大雪之下；3~5月，美国中、北部和欧洲地中海沿岸各国先后遭到强大的风、雨、雪袭击，而在中东和近东地区几乎同时也发生了数次暴风雪并伴有强烈的低温、冻害；5~6月，印度酷热，最高气温超过50℃以上，香港发生了百年难遇的特大暴雨；7~8月，北冰洋上漂浮着一眼望不到头的大冰山，比常年同期多出4倍。欧洲地区连续近2个月出现酷热少雨天气，引起泥炭地层自焚及森林着火，而西欧地区却连续低温，致使英国伦敦出现了1972年夏至日最高气温比1971年冬至日气温还低的特异现象;秋季,亚欧东部地区普遍低温,使初霜提早;冬季,西北欧的瑞典出现了200年来少见的暖冬,前苏联也出现了异常暖冬,莫斯科郊区的蘑菇竟能在冬季破土而出,彼得格勒下了百年未见的"冬季雷雨",在西非、印度以及欧洲地区几乎出现了全年连续干旱的严重旱情(在西非,人和牲畜的饮水都成了问题)。

在我国,由于欧洲和亚洲西部阻塞形势持久稳定,冷暖空气在我国交绥机会少,以致我国北方和南方的部分地区汛期少雨,干旱严重。

由此可知,在环流异常的情况下,可能在某一地区发生干旱,而在另一地区发生洪涝,或者在某一地区发生奇热,而在另一地区发生异冷。

海陆分布的影响

海洋占地球总面积的71%,陆地仅占29%,所以海陆差异是下垫面最大和最基本的差异。海洋和大陆由于物理性质不同,在同样的辐射之下,它们的增温和冷却有着很大的差异。冬季,大陆气温低于海洋;夏季,大陆气温高于海洋。

海陆对气压和风也有明显的影响。气压分布随气温分布而变化。夏季,大陆是热源,海洋为冷源,因此陆上气压低,海上气压高,风从海洋吹向大陆;冬季,海洋是热源,大陆为冷源,海上气压低,陆上气压高,风从陆上吹向海洋。此外,海陆对湿度、云量、雾和降水量都有很大的影响。

海陆对气候影响显著,在地球上形成了差别很大的大陆性气候和海洋性气候。

地形的影响

不同的地形,不仅使气候有显著的不同,而且高耸绵亘的山脉往往是低层空气流动运行的障碍,它可以阻滞冷空气和暖空气(如阻碍寒潮的行动,使锋带停滞)的运行,又可使气流的水分大大损耗。

(1)地形对气温影响。在山脉两侧,气候可以出现极大差异,高大的山脉往往成为气候的分界线。与海岸平行的山脉,以沿海、内陆雨量的悬殊为主。就整个气候来讲,无论山脉的走向如何,只要高度足以阻碍盛行气流的运行，就会对两侧的气温、降水及其他气候要素产生影响，成为气候的障壁。而世界气候区的划分也往往以高耸的地形为界。

我国著名的南岭，它是由一系列东西走向的山地组成，北来冷气团常常受阻于岭北，以1月平均气温为例，岭南曲江为10.7℃，岭北的坪石为7.5℃，二者相差3℃多；前者冬季很少飞雪，后者冬季常有。这样，南岭以南可以发展某些热带作物，具有热带性环境；南岭以北热带作物不能越冬，具有亚热带环境。

（2）地形对降水影响。山地降水一般是随着高度增加而增多。特别是一些不太高的山区，山脚下与山顶的降水量有明显的差别。其原因，①山地上气温低，水汽容易达到饱和，凝结为雨；②空气与较高地方的寒冷地面相接触，容易冷却致雨；③暖湿气流遇到山地，被迫沿山坡上升，由于绝热冷却，水汽容易凝结致雨。

山地降水随高度的增加只发生在一定限度以内，超过了这一限度，空气湿度减少，降水量就随高度增高而减少。这个限度的高度，就称为"最大降水带"。"最大降水带"决定于地理环境、季节和其他条件，它随时随地不同。例如，喜马拉雅山上这一限度在1000~1500米。

（3）山地立体气候。在山地上，随着高度的增加，日照增强，气温降低，气压减低，降水在达到最大降水带以前不断增加，但超过这一高度即行减少，在高山顶上还有冰雪覆盖。同时，地面形状和山坡的方向、坡度，也对各气候要素发生显著影响，而且在生产上具有重要意义。例如，同一山地，由于向阳坡日照时间长，气温高，霜冻情况比阴坡大为减轻，以至阳坡可以发展某些经济林木，而阴坡则因冬季受到冻害而不宜种植；因此在山地中，自下而上，气候垂直变化，形成垂直气候带。气候的垂直气候带的顺序性，决定于山岭位于哪一个水平气候带内：位于赤道的高山，由山麓到山顶，气候带和植物带分布与由赤道到两极的分布情况一样；如果山岭位于苔原地区，那么向上去只有冰雪区。

例如云南省的东川市，山脚的新村，海拔1254.1米，年平均气温20.3℃，≥10℃积温6821.3℃，霜期1个月左右，是南亚热带气候，可种甘蔗、花生、水稻等喜温作物，水稻一年两熟；山腰的汤丹，海拔2252.4米，年均温 13.1℃，≥10℃积温 3560.7℃，霜期 3 个多月，属暖温带气候，只宜种植玉米、马铃薯、小麦、蚕豆等，一年一至两熟；山顶附近的落雪，海拔 3227.7 米，年平均气温 7.1℃，≥10℃积温 762.6℃，霜期半年之上，属寒温带气候类型，只能种植马铃薯、荞子等喜凉作物，一年一熟；最高处气候更寒冷。假如 4 月的某日去东川市旅行，从新村坐汽车到落雪只需 3 个小时，你可以感觉到，山脚炎热难当，山腰春暖花开，山顶大雪纷飞。"一山有四季"、"山高一丈，大不一样"，就是对这种立体气候的真实写照。

（4）青藏高原对气候的影响。青藏高原是地球上最年轻、大幅度整体隆起的大高原。地形影响自然环境的一个重要方面是气候，青藏高原的隆起在很大程度上改变了我国以至整个亚洲的大气环流。在晚第三纪高原隆起以前，是行星风系占主导地位，我国盛行西风。青藏高原的隆起，迫使西风带北撤，并在北部形成强大的蒙古—西伯利亚高压。冬季，蒙古—西伯利亚高压每隔一定时间表现为寒潮的侵袭。寒潮南下过程中，遇到青藏高原的阻挡，便折向东，直驱华北以至华南，使我国东部气温低于世界其他同纬度地区。由于青藏高原的大幅度抬升，喜马拉雅山脉便成了阻止印度洋气流北上的主要大障碍，使喜马拉雅山脉以北地区，尤其是藏北高原的气候变得干燥少雨。这种变化影响到我国的整个西北地区。

洋流的作用

海洋下垫面的性质是不均一的，其差异主要表现在冷、暖洋流上。洋流的形成有许多原因，主要原因是长期定向风的推动。世界各大洋的主要洋流分布与风带有着密切的关系，洋流流动的方向和风向一致，在北半球向右偏，南半球向左偏。在热带、副热带地区，北半球的洋流基本上是围绕副热带高气压作顺时针方向流动，在南半球作逆时针方向流动。在热带，由于信风把表层海水向西吹，形成了赤道洋流。东西方向流动的洋流遇到大陆，便向南北分流，向高纬度流去的洋流为暖流，向低纬度流去的洋流为寒流。

洋流是地球上热量输送的一个重要动力。据卫星观测资料，在北纬 20°地带，洋流由低纬向高纬传输的热量约占地—气系统总热量传输的 74%，在北纬 30°~35°间洋流传输的热量约占总传输量的 47%。洋流调节了南北气温差别，沿海地带等温线往往与海岸线平行就是这个缘故。

暖流在与周围环境进行交换时，失热降温，洋面和它上空的大气得热增湿。我们以墨西哥湾暖流为例，"湾流"每年供给北欧海岸的能量，大约相当于在每厘米长的海岸线上得到600吨煤燃烧的能量，这就使得欧洲的西部和北部的平均温度比其他同纬度地区高出16℃~20℃，甚至北极圈内的海港冬季也不结冰。

俄罗斯的摩尔曼斯克就是北冰洋沿岸的重要海港，那里因受北大西洋暖流的恩泽，港湾终年不冻，成为俄罗斯北冰洋舰队和渔业、海运基地。再如，对我国东部沿海地区的气候影响重大的"黑潮"，是北太平洋中的一股巨大的、较活跃的暖性洋流。它在流经东海的一段时，夏季表层水温常达30℃左右，比同纬度相邻的海域高出2℃~6℃，比我国东部同纬度的陆地亦偏高2℃左右。黑潮不但给我国的沿海地区带来了温度，还为我国的夏季风增添了大量的水汽。根据观测资料进行的计算和不同区域的比较都充分说明：气温相对低而且气压高的北太平洋海面吹向我国的夏季风，只有经过"黑潮"的增温加湿作用以后，才给我国东部地区带来了丰沛的夏季降水和热量，从而导致我国东部地区受夏季风影响的地区、形成夏季高温多雨的气候特征。

而冷洋在与周围环境进行热量交换时，得热增温，使洋面和它上空的大气失热减湿。例如，北美洲的拉布拉多海岸，由于受拉布拉多寒流的影响，一年要封冻9个月之久。寒流经过的区域，大气比较稳定，降水稀少。像秘鲁西海岸、澳大利亚西部和撒哈拉沙漠的西部，就是由于沿岸有寒流经过，致使那里的气候更加干燥少雨，形成沙漠。

洋流对气候的影响，主要是通过气团活动而发生的间接影响。因为洋流是它上空气团的下垫面，它能使气团下部发生变性，气团运动时便把这些特性带到所经过的地区，使气候发生变化。一般说，有暖洋流经过的沿岸，气候比同纬度各地温暖；有冷洋流经过的沿岸，气候比同纬度各地寒冷。正因为有洋流的运动，南来北往，川流不息，对高低纬度间海洋热能的输送与交换，对全球热量平衡都具有重要的作用，从而调节了地球上的气候。

冰雪覆盖的影响

冰雪覆盖是气候系统的组成部分之一，海冰、大陆冰原、高山冰川和季

变幻莫测的气候

冰雪是气候系统的组成部分之一

节性积雪等，由于它们的辐射性质和其他热力性质与海洋和无冰雪覆盖的陆地迥然不同，形成一种特殊性质的下垫面，它们不仅影响其所在地的气候，而且还能对另一洲、另一半球的大气环流、气温和降水等产生显著的影响。在气候形成中，冰雪覆盖是一个不可忽视的因子。

地球上各种形式水的总量估计为 1384×10^6 千米^3，其中 97.4% 是海水；0.0009% 是大气中的水汽；0.5% 是地下水，大部分处在深处；0.1% 在江湖中，另外 2% 是冻结的。就淡水来讲，其中 80% 是以冰和雪的形式存在的。南极冰原是世界上最大的大陆冰原，体积达 28.6×10^6 千米^3。目前南极大陆上只有 1.4% 的地区是无冰的，如果覆盖这个高原大陆的冰原全部融化了，那么世界大洋的海平面要抬升 65 米。冰原上的降水多以固态形式落下，液态很少。

雪被冰盖是大气的冷源，它不仅使冰雪覆盖地区的气温降低，而且通过大气环流的作用，可使远方的气温下降。由于冰雪覆盖面积的季节变化，使全球的平均气温也发生相应的季节变化。冰雪覆盖的制冷效应，使地面出现冷高压，而高层等压面降低，出现冷涡。由于冰雪覆盖面积的年际变化，随之气压场和大气环流也产生相应的变化。在冰雪覆盖面积变化特别显著的年份，往往会出现气温和降水异常现象，这种异常可影响到相当遥远的地方。

太阳辐射能

太阳辐射能,又称太阳辐射热,是地球外部的全球性能源,大致可以分为以下几个部分:直接太阳辐射、天空散射辐射、地表反射辐射、地面长波辐射及大气长波辐射。

天气的历史与将来

地球的历史大约为55亿年。在46亿年前,地球上充满了原始大气,并且开始逐渐逃逸;从46亿年前开始,地球进入到地质年代,逐渐产生次生大气;大约在30亿年前,地球上出现生命,并开始改造地球大气;到寒武纪,大气才被生物改造成现在这个样子。对于古生代以前的古气候,我们几乎一无所知,到了古生代,古气候状况才逐渐清楚起来。我们大体上已经知道,在地质时期反复经过了几次大冰期,其中从古生代以来就有3次大冰期。

从一个不断受陨星撞击、火山肆虐的火球到布满海洋、森林和山脉,数百万种生物繁衍生息的乐园,地球的气候经历了翻天覆地的变化。人类影响气候,气候也影响人类。短时间的气候变化,特别是极端的异常气候现象往往会造成严重的自然灾害。长期的气候变化,即使变化比较缓慢,也会使生态系统发生本质性的改变,使生产布局和生产方式完全改观,从而影响人类社会的经济生活。

在2个世纪前,气候的变化主要是由大自然自身引起的,变化的节奏缓慢,时间漫长。但随着人类活动的加剧,特别是机器大工业的出现,人类对气候变化的影响越来越大了,我们甚至不得不对地球的未来画上一个沉重的问号。地球的气候史告诉我们:今后数十年间气候的变化将呈现不同的方向,既有悲观的,也有乐观的。它的变化将在很大程度上取决于我们人类采取怎样的行为方式,取决于我们是否能从根本上保护地球。

地球的气候史

我们地球上的气候,在不同的时期是不相同的。在数亿年中,地球的气候发生了很大的变化。在过去的数亿年中,比现在更炎热和更寒冷的时期交替出现。引起气候变化的原因是多种多样的,包括太阳辐射强度的变化,大气层中气体成分的变化,还有地球板块的漂移等等。

(1) 大气层的诞生。远古的地球大气主要由很轻的氦气和氢气组成,很快就散发到宇宙中去了。与此同时,火山喷出的气体组成了新的大气,它主要由水蒸气、二氧化碳和少量的氮气组成。随后,连绵不断的大雨形成了海洋并溶解了大部分二氧化碳。水分子在紫外线的作用下发生分解,大气中出现了氧气和臭氧。由于臭氧层对紫外线的阻隔作用以及植物的光合作用,大气中的氧气的浓度始终保持稳定。在最近的6亿年中,大气中化学成分的比例基本上没有变化。

(2) 弱早期太阳。温室效应对生命的出现起了重要作用。事实上,在40亿~30亿年前,太阳的辐射强度只有现在的25%,然后开始直线上升。假如在大约20亿年前大气的组成就与现在相同的话,那么地壳将会全部被冰雪覆盖,但这种景象未能发生。"弱早期太阳佯谬"理论认为,其原因就是由于浓密的二氧化碳和水汽产生了很强的温室效应,使地球保持了温暖,并在35亿年前在地球上出现了最初的生命。

(3) 冰雪覆盖的地球。在大约7.5亿~5.8亿年前,地球表面曾4次几乎全部被冰雪覆盖,称为雪球时期。那时,太阳的辐射能大约比现在少6%,而陆地也主要集中在赤道附近,促使地球变冷。此外,由于冰雪覆盖的地球反射了大部分阳光,加速了地球变冷的速度。后来,由于大雨停止和火山不断喷发,大气中的二氧化碳的浓度变高(比现在高350倍),产生了强烈的温室效应,才使冰雪逐渐融化。

(4) 白垩纪热浪。在大约1亿年前的白垩纪,地球达到较高的温度。当时,地球的平均温度为22.8℃,比现在高7℃多,地球两极的冰雪也全部融化。气候如此炎热的原因,是火山喷发产生的大量二氧化碳造成了强烈的温室效应。此外,由于板块漂移造成了大陆的重新分布,也使聚集在赤道附近的热量可以通过海洋暖流输送到地球的各个区域。

(5) 持续变冷的新生代。在新生代 (6亿~5亿年前),地球的温度持续下降。这种降温看来应归因于大陆板块漂移。新崛起的巨大山脉将二氧化碳以硅酸盐的形式固定在岩石中,大气中的二氧化碳因此减少,温室效应减弱,地球也就变冷了。

7.5亿~5.8亿年前的地球

(6) 冰期与米兰柯维奇循环。在最近100万年间,由于地球轨道的变化,发生了地球冰期与温暖期交替出现的现象,天文学家米兰柯维奇指出,地球气候变化存在着3个天文周期:①每隔2万年,地球的自转轴倾角变化1个周期(称为岁差);②每隔4万年,地球黄道与赤道的交角变化1个周期;③每隔10万年,地球公转轨道的偏心率变化1个周期。

(7) 最后的大冰期。最后的大冰期称为第四纪冰期,它开始于8万年前,1.8万年前达到顶峰。现在的阿拉斯加、加拿大和今天美国的北部都被一整块冰覆盖着,冰层的厚度将近1 000米。在欧洲,冰层推进到了今天的汉堡和柏林。但在南半球,冰层的推进却缓慢得多。后来温度迅速回升,在大约1.2万年前冰层开始融化。最后一次大冰期就这样结束了。

(8) 新仙女木冰期。大约在1.1万年前,地球刚脱离上一次的冰期却又忽然回到冰期,这就是著名的新仙女木冷期,它大约持续了1 000年,这是因为北大西洋深水输送带突然中断造成的。

(9) 气候最适期。在新仙女木冷期后的最初几千年,地球的气候曾经很热。在9000~5000年前。地球的温度升高了几摄氏度,形成了所谓的"气候最适期"。500年前的小冰期在公元1400~1500年,地球的温度又突然下降,历史上称为"小冰期"。在1434~1435年,英国曾连续降雪40天。在1608年冬季,英国所有的牲畜都被冻死,整个康斯坦茨湖都结冰了。1789年冬,几乎所有欧洲的河流都冻结了。只是在19世纪后半期冰川才开始后撤。

气候最近150年的变化

在最近1个世纪,地球开始迅速变热。在1850~1980年温度平均升高了0.6℃,其中大约0.26℃与太阳活动剧烈程度增加有关,其余则是由于人类的活动的影响。

(1)降雨区的移动。整个地球的降雨区正在发生移动。从1980年至今,欧洲的北纬50°~60°地区降雨增多。但在地中海地区的降雨就少得多。夏季的雨水也减少了,但是一下雨就往往是倾盆大雨,并经常出现暴风雨。然而在最近10年,秋季的降雨却增多,造成水灾事件增加。从1950年至今发生了5次较大的水灾,其中3次发生在20世纪90年代。

(2)极端天气和气候异常。极端天气和气候异常事件增多,这是气候极端化的突出表现。洪水和水灾比过去增多(19世纪中国平均20年发生1次水灾,而20世纪每20年发生9~10次水灾),厄尔尼诺现象更加频繁,更加强烈和持久(1997~1998年的厄尔尼诺现象是最糟糕的一次)。北欧的大风暴也更加频繁(仅20世纪90年代就发生了5次)。最后还有强暴风雨,2002年夏天的倾盆大雨造成了中东欧近百年历史上最严重的水灾。

(3)空气变样了。由于人类的活动,最近几十年向大气层排放的物质越来越多,以致改变了空气的化学组成,对气候和动物的栖息地产生了消极影

城市空气污染

响。在大城市，灰尘、氮氧化物和臭氧的密度很高，恶化了空气质量。与此同时，热岛效应的增强使强风暴的次数增多，氯氟烃的排放破坏了使我们免受紫外线伤害的臭氧层。

未来的气候

（1）气候取决于温室气体。未来的气候，或者说21世纪的气候，首先与温室气体（特别是二氧化碳）的排放状况有关。根据未来的经济发展以及在今后将采取的环保措施不同，气候将出现不同的状况。环境污染的后果主要表现在3个方面：平均温度升高、大气的总循环和气候的稳定性被打乱。

（2）二氧化碳增加。温室气体浓度的增加将在今后几十年内增强温室效应，使地球的平均温度持续升高。大部分陆地的平均温度将上升4℃~5℃。

（3）全球平均温度上升。如果二氧化碳浓度迅速增加，到2030年，全球平均温度将上升1℃~2℃。到2080年，平均温度可能升高1.5℃~3℃，地中海地区可能升高3.5℃~4℃。平均温度的升高不仅使白天变得更热，而且使热浪将变得更多、更强烈和持久，甚至在秋季和冬季也会频频发生。

（4）深水输送带可能被堵塞。在北极圈附近，逐渐升高的温度可能引起庞大的极地浮冰群融化。格陵兰岛某些地区的冰层正在以40~60厘米/年的速度变薄。大量淡水涌入大西洋，可能使海水的含盐量在今后的数十年内锐减。含盐量的减少可能影响北大西洋深水层，堵塞北大西洋深水输送带，使暖流无法抵达北欧。由于缺少暖流，因温室效应引起的过热势头可能部分地得到遏制。

（5）海洋变热，海平面升高。地球温度的升高将对海洋产生很大的影响，因为海洋表面的水将比现在更热。这样，台风将变得更加频繁和强烈，而且将扩展到温带的边缘地区。与此同时，一些中纬度的封闭盆地，比如地中海，可能变成名副其实的热带海洋。如果二氧化碳浓度增加1倍，海平面将升高10~90厘米。这一方面是因为极地冰层的融化，一方面是因为较热的水将占据更大的空间。各大陆海岸的地理状态将被打乱，沿岸的大都市如纽约、迈阿密、曼谷和威尼斯将被海水淹没。

（6）高气压中心的移动。更强的温室效应还意味着，大气层内部将蕴含更大的能量。空气的大循环将因此被打乱,大的高压和低压中心,如亚速尔群岛的高压和冰岛的旋风都将改变它们的位置。根据英国科学家的推测,未来的几十年内,欧洲冬季的降雨量每天将平均减少1毫米。大气现象可以变得更强烈,北美的龙卷风将更频繁和更具破坏性,暴风雨也将更频繁地袭击温带地区。

(7)更猛烈的降雨和更严重的旱灾。随着大气循环的被破坏,影响气候的自然现象也将改变它们的规律。厄尔尼诺现象将变得更频繁和强烈,季风将带来更多的雨水,造成洪水肆虐。但是由于缺少雨水,旱季将持续更长的时间,使火灾更加频繁,沙尘暴次数也会更多。

(8)气候更加不稳定。大气能量增大的另一个后果将是气候的不稳定性,在平均值附近摇摆的现象将增多,极端的自然现象将更加频繁和不可预测,人们将感受到气候经常由酷热猛然转到非季节性的严寒,或者看到在阳光明媚时突然下起倾盆大雨。

我们在此描绘的未来气候的景象的确令人颓丧,但这并不是没有能力改变的,它要取决于人类做出的选择。这些选择就是要在不影响经济发展的情况下,更多地考虑地球的环境状况。

原始大气

地球形成过程中,较重的物质通过碰撞合并为原始地球的核心,少量气态物质如氢和氦等环绕着地球,这就是最原始的大气。

原始大气在经过高温、高压、雷电、紫外线等恶劣自然环境中,产生了原始生命。原始大气中没有氧气。

气候的类型

每年的3月23日,世界气象组织规定的世界气象日都会如期而至。每年世界气象组织都会依据当年全球经济社会发展的热点需求和各国普遍关注的有关气象问题确定纪念日主题。2011年气象日的主题就是"人与气候"。

气候是某地区长时间内气象要素和天气现象的平均或统计状态,时间尺度为月、季、年或以上,主要特征为冷、暖、干、湿。气候有明显的地域性。它主要分为:大气候,比如热带气候、极地气候等;中气候,比如森林气候、山地气候、城市气候等;小气候,比如棚模气候、山区小气候等,其与经纬度、地形地貌以及水陆草木的分布状态密切相关。

气候对人类以及地球上的所有生命有着现实和长远的双重影响和作用,不同的气候背景条件下,会发生各种各样的天气,不同的天气给我们带来的影响各异。

酷热的热带气候

热带气候最显著的特点是全年气温较高,四季界限不明显,日温度变化大于年温度变化。大体上,南纬23°26′和北纬23°26′之间是热带气候区。在这一区域内,由于地表及降水的不同,热带气候又反映出不同的特点。在赤道附近,常年湿润高温,多雷雨天气,年降水量在2 500毫米左右,季节分配

变幻莫测的气候

较均匀。在一天之中,天气的变化往往单调而富有规律性。清晨,天气晴朗,凉爽宜人;临近午间,天空中的积云强烈发展,变浓变厚;午后一两点钟,天空乌云密布,雷声隆隆,暴雨倾盆而下,降雨一直可以持续到黄昏;雨后,天气稍凉,但到第二天日出后又变得闷热。如此日复一日,年复一年,人们把这种气候称为"赤道气候"。

赤道气候全年皆夏,没有明显的季节变化。这里虽然很热,但最热月份的平均气温并不太高,绝对最高气温很少超过38℃,最低气温很少低于18℃。宽广的热带雨林,是制造氧气、吸收二氧化碳的巨大绿色工厂,对于调节全球大气中的氧气和二氧化碳的含量具有非常重要的作用。

(1) 赤道多雨气候(也称赤道雨林气候)

赤道雨林气候位于各洲的赤道两侧,向南、北延伸5°~10°左右,如南美洲的亚马孙平原、非洲的刚果盆地和几内亚湾沿岸、亚洲东南部的一些群岛等。这些地区位于赤道低压带,气流以上升运动为主,水汽凝结致雨的机会多,全年多雨,无干季,年降水量在2 000毫米以上,最少雨月份的降水量也超过60毫米,且多雷阵雨;各月平均气温为25℃~28℃,全年常夏,无季节变化,年较差一般小于3℃,而平均日较差可达6℃~12℃。在这种终年高温多雨的气候条件下,植物可以常年生长,树种繁多,植被茂密成层。

赤道雨林气候区植被茂密成层

（2）热带干湿季气候（也称热带草原气候）

热带草原气候主要分布在赤道多雨气候区的两侧，即南、北纬5°~15°左右（有的伸达25°）的中美、南美和非洲。

其主要特点：①由于赤道低压带和信风带的南北移动、交替影响，一年之中干、湿季分明。当受赤道低压带控制时，盛行赤道海洋气团，且有辐合上升气流，形成湿季，潮湿多雨，遍地生长着稠密的高草和灌木，并杂有稀疏的乔木，即稀树草原景观。当受信风影响时，盛行热带大陆气团，干燥少雨，形成干季，土壤干裂，草丛枯黄，树木落叶。与赤道多雨气候相比，一年至少有1~2个月的干季。②全年气温都较高，具有低纬度高温的特色，最冷月平均温度在16℃~18℃以上。最热月出现在干季之后、雨季之前，因此，本区气候一般分干、热、雨3个季节。气温年较差稍大于赤道多雨气候区。

（3）热带干旱与半干旱气候（也称热带荒漠气候）

热带荒漠气候主要分布于热带干湿季气候区往高纬度的一侧，大致在南、北纬15°~30°，以非洲北部、西南亚和澳大利亚中西部分布最广。

热带干旱气候区常年处在副热带高气压和信风的控制下，盛行热带大陆气团，气流下沉，所以炎热、干燥成了这种气候的主要特征；气温高，有世界"热极"之称。降水极少，年降雨量不足200毫米，且变率很大，甚至多年无雨，加以日照强烈，蒸发旺盛，更加剧了气候的干燥性。热带半干旱气候，分布于热带干旱气候区的外缘，其主要特征：①有一短暂的雨季，年降水量可增至500毫米；②向高纬一侧的气温不如向低纬一侧的高。

（4）热带季风气候

热带季风气候主要分布在我国台湾南部、雷州半岛、海南岛以及中南半岛、印度半岛的大部分地区、菲律宾群岛；此外，在澳大利亚大陆北部沿海地带也有分布。这里全年气温皆高，年平均气温在20℃以上，最冷月一般在18℃以上。年降水量大，集中在夏季，这是由于夏季在赤道海洋气团控制下，多对流雨，再加上热带气旋过境带来大量降水，因此造成比热带干湿季气候更多的夏雨；在一些迎风海岸，因地形作用，夏季降水甚至超过赤道多雨气候区。年降水量一般在1 500~2 000毫米以上。本区热带

季风发达,有明显的干湿季,即在北半球冬季吹东北风,形成干季;夏季吹来自印度洋的西南风(南半球为西北风),富含水汽,降水集中,形成湿季。

(5)**热带海洋性气候**

热带海洋性气候一般出现在南、北纬10°~25°信风带大陆东岸及热带海洋中的若干岛屿上。如中美洲的加勒比海沿岸、西印度群岛、南美洲巴西高原东侧沿海的狭长地带、非洲马达加斯加岛的东岸、太平洋中的夏威夷群岛和澳大利亚昆士兰沿海地带。这些地区常年受来自热带海洋的信风影响,终年盛行热带海洋气团,气候具有海洋性。气温年、日较差都小,但最冷月平均气温比赤道稍低,年较差比赤道多雨气候稍大,年降水量一般在2 000毫米以上,季节分配比较均匀。

热 带

热带,即南北回归线之间的地带,地处赤道两侧,位于南北纬23°26′之间,占全球总面积39.8%。

本带太阳高度终年很大。在两回归线之间的广大地区,一年有两次太阳直射现象,回归线上,一年内只有一次直射,而且,这里正午太阳高度终年较高,变化幅度不大,因此,这一地带终年能得到强烈的阳光照射,气候炎热,称为热带。

宜人的温带气候

冬冷夏热,四季分明,是温带气候的显著特点。我国大部分地区都属于温带气候。从全球分布来看,温带气候的情况比较复杂多样。根据地区和降水特点的不同,可分为温带海洋性气候、温带大陆性气候、温带季风气候和

气候的类型

温带草原景观

地中海式气候几种类型。

温带海洋性气候区主要分布在欧洲西海岸、南美洲智利南部沿海以及新西兰、北美阿拉斯加南部等地区。这些地方由于受海洋西风的影响，冬季温暖，夏无酷暑，全年湿润多雨，降水分配比较均匀。

温带大陆性气候区主要分布在亚欧大陆和北美洲的内陆地区。这些地方受大陆性气团的控制和影响，冬季寒冷，夏季炎热，空气干燥，降水量较少。

温带季风气候区主要分布于北纬35°~55°的亚欧大陆的东岸，包括中国的华北、东北和朝鲜、韩国、日本以及俄罗斯远东地区。冬季受温带大陆性气团的控制，风从内陆吹向海洋，大部分地区干燥少雨；夏季受海洋气团的控制，风从海洋吹向内陆，湿润多雨。

我国是典型的季风气候国家，除西部的青藏高原和云贵高原等地区外，全国大部分地区都受季风气候的影响。与世界同纬度国家比较，我国冬季是最冷的，夏季是最热的。如广州市和南美洲古巴首都哈瓦那差不多在同一纬度上，但两地1月份平均气温要相差8℃左右，广州冷，哈瓦那暖。英国西海岸的利物浦与我国东北黑龙江的漠河的纬度也基本相同，利物浦1月份平均气温高达4.3℃，而漠河同时期的最低气温常在-35℃与-40℃之间。

温带气候是世界上分布最为广泛的气候类型。由于温带气候分布地域广泛，类型复杂多样，从而为生物界创造了良好的气候环境，形成了丰富多彩的动植物界。从植物种类上来看，有夏绿阔叶林、针叶林和针阔混交林。草原地区生活着善跑能飞的动物；在阔叶林中生活着大型食肉类动物；针叶林中生活着一些耐寒动物。

温　带

在地理学上，温带是位于亚热带和极圈之间的气候带。北半球温带区的范围是从北纬23°26′的北回归线到北纬66°34′的北极圈之间。南半球温带区的范围是从南纬23°26′的南回归线到南纬66°34′的南极圈之间。

独特的地中海气候

世界上的气候类型多种多样，但绝大多数是以景物特征命名的，如荒漠气候、雨林气候、草原气候等，唯独地中海式气候是以具体的地名命名的，可见地中海地区是这种气候类型最典型的地区。

夏季炎热干燥、冬季温和多雨的地中海气候区海滨

但这并代表只有地中海地区才有这种气候。实际上,北美洲的加利福尼亚沿海、南美洲智利中部、非洲南部的开普敦地区和大洋洲南部以及西南部等地区也都有这种气候。细心的人在世界地图上可以发现,上述地区有着一些相似之处,它们大都位于纬度30°~40°,且都在大陆的西海岸或南海岸。这些地区冬季在来自海上的温带西风的控制下,潮湿的气团带来了较多的雨水;夏季则受副热带高压控制,气流由陆地散向四周,很难成云致雨,形成了气候炎热干燥的特点。地中海型气候地区全年的降水量一般为375~625毫米,夏季的降水量只占全年的10%左右,冬季气温为5℃~10℃,夏季气温为21℃~27℃。

地中海式气候的特点是夏季炎热干燥,冬季温和多雨,与温带大陆季风气候的夏季高温多雨、冬季寒冷干燥有显著的不同。地中海式气候使得这些地区降水补给的河流冬涨夏枯;植被以耐旱灌丛为主,典型植物是油橄榄。

副热带高压

副热带高压,简称副高,是位于副热带地区的暖性高压系统。它对中、高纬度地区和低纬度地区之间的水汽、热量的输送和平衡起着重要的作用,是大气环流的一个重要系统。副热带高压的东部是强烈的下沉运动区,下沉气流因绝热压缩而变暖,所控制地区会出现持续性的晴热天气。而副热带高压的西部是低层暖湿空气辐合上升运动区,容易出现雷阵雨天气。随着季节的更迭,副热带高压带的强度、位置也会发生明显的季节变化。从1月到7月,副热带高压主体呈现出向北、向西移动和强度增强的趋势;从7月到1月,副热带高压主体则有向南、向东移动和强度减弱的动向。这种季节性的变化,还具有明显的缓慢式变化和跳跃式变化的不同阶段。

冰冷的寒带气候

寒带气候是高纬度地区各类寒冷气候的总称。盛行的极地气团和冰洋气团,两者交绥的冰洋锋上有气旋活动,无真正的夏季,云量多,日照少,年降水量200~300毫米或更少。在最古典的气候分类中,指极圈以内的气候。在现代气候分类中指极地气候(全年寒冷,最热月气温在10℃以下),包括苔原气候和冰原气候。

南极地区冰原气候景观

苔原气候是极地气候带的气候型之一,多分布在欧亚大陆和北美大陆北部。全年气候寒冷,最热月气温在0℃~10℃,全年都是冬季。年降水量都在250毫米以下,大部分降水是雪,部分冰雪夏季能短期溶解。相对湿度大,蒸发量小,沿岸多雾。因为温度低,树木已经绝迹,只有苔藓、地衣类植物可以生长。这种气候条件下只能生长低等植物的苔原群落,故以它命名。夏季有时日最高气温可升至15℃~18℃,但每月都有霜冻。冬季漫长,白昼短,极端最低温度可达-40℃~-45℃。年降水量一般都不到350毫米,主要为气旋性风暴。主要分布在北半球濒临北冰洋的大陆沿岸,其南部与温带大陆性气候相接。南半球因相应的纬度为大洋所围绕,除个别岛屿外,基本不存在苔原气候。

极地冰原气候分布在极地及其附近地区,包括格陵兰、北冰洋的若干岛屿和南极大陆的冰原高原。这里是冰洋气团和南极气团的发源地,整个冬季处于极夜状态,夏半年虽是极昼,但阳光斜射,所得热量微弱,因而气候全年严寒,各月温度都在0℃以下;南极大陆的年平均气温为-25℃,是世界上最寒冷的大陆,1967年挪威人曾测得-94.5℃的绝对最低气温,堪称世界"寒极"。极地冰原气候区的土壤为冰沼土和永冻土,植被稀少,代表动物是北极熊和企鹅,有极光景观。

冰洋气团

冰洋气团,指形成于北极和南极地区的冷高压系统,为北极气团和南极气团的总称。由于这类气团均与冰雪表面接触,故下层气温特别低,有很厚的逆温层,水汽含量少,大气层结稳定。

降水不匀的草原气候

世界各地草原气候的分布很广,在我国内蒙古自治区和新疆维吾尔自治区,蒙古境内,中亚地区和欧洲南部,北美洲落基山脉以西的美国西部地区均有分布。

草原气候属于沙漠气候和湿润气候之间的过渡性气候。其特征是降雨量偏少,以夏季阵性降雨为主,气候干燥,高大的树木无法生长。草原地区冬季寒冷而漫长,夏季短促,气温不很高。但全年的日照时间较长,拥有较好的热量条件,适于牧草的生长。

由于全年降水量分配不均匀,冬季和春季常发生干旱现象,这对春天播种和牧草的萌芽、生长均有不利影响。到了夏季,雨量集中,日照充分,植

变幻莫测的气候

草原气候景色迷人

物生长所必需的水分和热量条件可同时得到满足,因而盛夏七八月份是草原的黄金季节,水美草肥,牛羊成群,庄稼茂盛。辽阔的大草原在微风的吹动下,宛如大海的波涛,景色十分迷人。到了冬天,低温、大风席卷草原,常常造成风雪灾害,尤其是对牧畜的安全越冬影响很大。

干旱的沙漠气候

极端干旱的沙漠气候,跨越纬度大,不同区域气温差别很大。根据所处纬度的不同,可分为低纬度沙漠和中纬度沙漠。低纬度沙漠也称热沙漠,分布在南北回归线附近的副热带高压控制区内,如非洲北部的撒哈拉沙漠、亚洲西南部的阿拉伯沙漠、澳大利亚中部的大沙漠等。中纬度沙漠也叫冷沙漠,分布在温带大陆内部,如中亚地区、我国的新疆和内蒙古一带、北美大陆西南部的沙漠等。

沙漠气候有以下显著的特点:

(1)降雨稀少,气候干旱。以我国的沙漠地区为例,年雨量大部分都在 50~100 毫米以下,最少的地方还不到 10 毫米。如位于塔克拉玛干大沙漠东南部的若羌,年雨量仅 16.9 毫米;而托克逊县城降雨量更少,只有 5.9

毫米。

（2）多风沙天气。大风刮起时，满天黄沙，天昏地暗，流沙遍野；风停后，飞沙落地，形成一条条一排排高低起伏、大小不等的沙丘群，最高的沙丘可高达400米以上。

（3）冬季寒冷，夏季酷热，温度的年较差和日较差都很大。如我国西北地区的沙漠中，冬季1月份的平均气温都在-20℃以下，而夏季7月份的平均气温则在26℃~30℃以上。温度的年较差高达50℃左右。与年较差相比，沙漠地区的温度日较差更大。如

极端干旱的荒漠

吐鲁番盆地，夏季白天的极端最高温度曾达到82.3℃，而入夜后温度又可降至0℃以下，温度的日较差超过80℃以上。所以，在吐鲁番盆地一带流传着"朝穿皮袄午穿纱，抱着火炉吃西瓜"的说法。可见，沙漠气候中的温度变化，是世界各种气候中变化最为剧烈极端的。

在沙漠气候的环境中，生活着一些适应干旱条件的动植物，如骆驼、沙鼠、沙蜥、仙人掌、胡杨、沙枣等。据不完全统计，我国沙漠中的野生植物至少有1 000种，其中300多种可以当药材用。

温 差

温差指一段时间之内最高温度与最低温度的温度差，简称温差，如某市一段时间内，最高温度为18℃，最低温为-2℃，则它的温差为20℃。

风向冬夏变换明显的季风气候

季风是一种重要的大气活动形式,它的风向随着冬夏的转换发生近乎相反的变化。我国明代著名航海家郑和就是利用季风七下西洋的。世界上许多地区都有季风气候,但以亚洲东部和南部的中国、日本、朝鲜、韩国、中南半岛和印度半岛等地最为显著。

(1) 季风气候的特点,首先是风向的转换。冬季风由大陆吹向海洋,天气寒冷干燥;夏季风由海洋吹向陆地,天气炎热潮湿。冬夏风向近于相反,这是最重要的特征。我国位于亚欧大陆的东南部,面临太平洋,这种海陆分布使我国成为一个典型的季风气候国家。

(2) 由于夏季风来自海洋,湿热的气团易成云致雨,因而靠海洋越近,湿热的气团越强,降水也越多;远离海洋的内陆,则雨量越少,而且降水的开始时间从沿海向内陆逐渐推迟,降水结束的时间正好相反,这是第二个特征。

(3) 由于高大的山体可以阻挡住部分云团的移动,降水的可能性增大,特别是迎着风的山坡,这是季风气候的第三个特征:雨量的分布山地多于平原,山地的迎风坡多于背风坡。

(4) 第四个特征是雨量集中在夏季,占全年的1/2以上。夏季风来自海洋,雨量多;冬季风来自大陆,雨量少。

我国以及东亚、南亚地区之所以是世界上最典型的季风气候区,除了和其他季风地区的相似条件外,还有一个最重要的因素,就是"世界屋脊"——青藏高原的作用。由于夏季风带来了充沛的雨水,可以满足农作物生长"雨热同期"的条件,有利水稻一类粮食作物的生长,所以,南亚、东南亚、中国、朝鲜、韩国和日本等国都是世界水稻的集中产区。当然,夏季风和冬季风的变换并不是定期、定位、等强度的,不同年份会有较大变化,这就有可能发生水旱灾害。

气候的类型

小气候

"人间四月芳菲尽,山寺桃花始盛开。"这是我国唐代大诗人白居易游庐山看到的情景:山下四月份,花朵已经凋谢,而山上寺庙里的桃花才刚刚盛开。这种同一大范围内的不同气候状况,平原和山区的显著差异,就是地方性气候,也叫"小气候"。

形成小气候的原因,有地表面性质不同造成的,也有人类、生物活动的因素。这种气候在垂直地面向上的延伸范围可达100～200米。在水平方向上,包括:①处于微空间的微气候,如地面、植株、蜂房等;②处于小空间的小气候,如草地、坡地、街道、农田、厂区、车间、洞穴等;③还有从几千米到几十千米的局地气候,如林区、峡谷、沼泽、海岸、城市、山区、小岛等等。

谚语"一山有四季",说明小气候特征在山区表现特别明显。有人曾在6月份从四川北部阿坝出发下山,当他经过海拔3 600米的地方时,那里的山沟里还有冰雪;再下山走到海拔2 700米的米亚诺地方,那里小麦已经返青;再往下到海拔1 500米处时,地里的小麦将近黄熟了;而在海拔1 360米的茂汶县,小麦已开镰收割;当晚间到达海拔780米的川西平原上的灌县时,小麦已收割完毕了。这个人在一天之中,竟经过了从播种到收割的四季。

地方性气候虽然主要由局地自然条件或人为条件所决定,但也受大范围的天气和气候条件的影响。掌握小气候的特点,改善小气候环境,做到因地制宜,这对工农业生产和人民生活都有十分重要的意义。

海洋性气候与大陆性气候

海洋性气候是指海洋邻近区域的气候,包括海洋面或岛屿以及盛行气流来自海洋的大陆近海部分的气候,如海岛或盛行风来自海洋的大陆部分

变幻莫测的气候

海滨景观

地区的气候。海洋性气候是地球上最基本的气候类型之一。在海洋性气候条件下,气温的年、日变化都比较和缓,年较差和日较差都比大陆性气候小,春季气温低于秋季气温。海洋性气候地区全年最高、最低气温出现时间比大陆性气候的时间晚。

海洋性气候有以下特点:

①气温年变化与日变化都很小,在洋面上甚至观测不到日变化。年变化的极值一般比大陆后延1个月,如最冷月为2月,最暖月为8月。在高纬地区最冷月还可能是3月,最暖月也可能到9月,秋季暖于春季。

②降水量的季节分配比较均匀,降水日数多,但强度小。云雾频数多,湿度高。

③热带海洋多风暴,如北太平洋西南部分与中国南海是台风生成和影响强烈的地区。热带风暴(包括台风)是一种十分重要的气象灾害。

④多云雾天气,湿度大。多数临近海洋的大陆地区,都具有海洋性气候特征,西欧沿海地区是大陆上典型的海洋性气候区。

温和、多云、湿润的海洋性气候,给人们以舒适的感觉。

其实这种气候对植物生长并不有利。19世纪末就有人发现,在欧洲,海洋性气候条件下生长的小麦,蛋白质含量小,至多只有4%~8%。随着深入大陆,到俄罗斯欧洲部分,小麦的蛋白质含量增高达9%~12%。在比较干燥暖热的地区,小麦的蛋白质含量增高到18%,甚至在20%以上。科学家证明:一个地区的气候大陆性越强,小麦的蛋白质含量也就越高。在气候温凉潮湿的地方,小麦的淀粉含量增加,而蛋白质含量却降低。人们为了补充蛋白质的不足,只好借助于肉类,但是又带来脂肪过多的缺点。可见,海洋性气候对农业并不很有利。其实，在海洋性气候条件下生活，气候虽然温和，但是阴沉多雨的天气并不利于人类精神和情绪的发展。

大陆性气候通常指处于中纬度大陆腹地的气候，一般也就是指温带大陆性气候。在大陆内部，海洋的影响很弱，大陆性显著，内陆沙漠是典型的大陆性气候地区。草原和荒漠是典型的大陆性气候自然景观。

大陆性气候也是地球上一种最基本的气候类型。其总的特点是受大陆影响大，受海洋影响小。在大陆性气候条件下，太阳辐射和地面辐射都很大。所以夏季温度很高，气压很低，非常炎热，且湿度较大。冬季受冷高压控制，温度很低，也很干燥。大陆性气候冬冷夏热的特征，使气温年变化很大，在一天内也有很大的日变化，气温年、日较差都超过海洋性气候。大陆性气候地区最热月为7月，最冷月为1月。

多姿多彩的天气现象

下雨天我们称之为雨天,下雪天我们称之为雪天,诸如此类还有沙尘暴天气、大风天气、大雾天气。在这些天气里,分别呈现了能影响和决定某一时间段某种天气的某一种因素,比如下雨天的雨、下雪天的雪等不一而足。

自然世界里,风霜雨雪这些自然的天气现象是怎样形成的呢?谁在背后决定了这些天气现象的出现和运行?是风?是云彩?是水汽?还是太阳的辐射或者地球的转动、月亮的引力?是的,就是这些和我们在本章中列举到的因素影响和决定了天气现象。总之,这些能影响和决定天气的因素都太奇妙了,不论是它们的生成、它们的出现、它们的消失都是影响天气现象的重要因素。

流动的风

一年四季,我们几乎每天都在和风打交道,有和煦的春风,也有刺骨的寒风。那么,你知道风究竟是怎样来的吗?如果给风下一个简单的定义,可以这样说:空气在水平方向上的流动就叫做风。

风是由于空气受热或受冷而导致的从一个地方向另一个地方产生移动的结果。风就是水平运动的空气。空气产生运动,主要是由于地球上各纬度所接受的太阳辐射强度不同而形成的。

多姿多彩的天气现象

在赤道和低纬度地区,太阳高度角大,日照时间长,太阳辐射强度强,地面和大气接受的热量多、温度较高;在高纬度地区太阳高度角小,日照时间短,地面和大气接受的热量小,温度低。这种高纬度与低纬度之间的温度差异,形成了南北之间的气压梯度,使空气作水平运动,风应沿水平气压梯度方向吹,即垂直于等压线从高压向低压吹。

地球在自转,使空气水平运动发生偏向的力,称为地转偏向力,这种力使北半球气流向右偏转。所以地球大气运动除受气压梯度力外,还要受地转偏向力的影响。大气真实运动是这2个力综合影响的结果。

实际上,地面风不仅受这两个力的支配,而且在很大程度上受海洋、地形的影响。山隘和海峡能改变气流运动的方向,还能使风速增大,而丘陵、山地因摩擦力大使风速减小,孤立山峰却因海拔高使风速增大。因此,风向和风速的时空分布较为复杂。

再有就是海陆差异对气流运动的影响。在冬季,大陆比海洋冷,大陆气压比海洋高,风从大陆吹向海洋。夏季相反,大陆比海洋热,风从海洋吹向内陆。这种随季节转换的风,我们称为季风。所谓的海陆风也是白昼时,大陆上的气流受热膨胀上升至高空流向海洋,到海洋上空冷却下沉,在近地层海洋上的气流吹向大陆,补偿大陆的上升气流,低层风从海洋吹向大陆称为海风;夜间(冬季)时,情况相反,低层风从大陆吹向海洋,称为陆风。在山区由于热力原因引起的白天由谷地吹向平原或山坡,夜间由平原或山坡吹向山谷,前者称为谷风;后者称为山风。这是由于白天山坡受热快,温度高于山谷上方同高度的空气温度,坡地上的暖空气从山坡流向谷地上方,谷地的空气则沿着山坡向上补充流失的空气,这时由山谷吹向山坡的风,称为谷风;夜间,山坡因辐射冷却,其降温速度比同高度的空气较快,冷空气沿坡地向下流入山谷,称为山风。

此外,不同的下垫面对风也有影响,如城市、森林、冰雪覆盖地区等都有相应的影响。光滑地面或摩擦小的地面使风速增大,粗糙地面使风速减小等。

人们认识风,必须知道风向和风速。习惯上把风的来向定为风向。如西北风,是指从西北方向吹来的风;东南风即为东南方向吹来的风。风速是指

变幻莫测的气候

单位时间空气流过的距离。风速根据风力的大小划分为 0~12 的 13 个等级。尽管最大风级划分为 12 级,但自然界的实际风速有的还要大得多,如龙卷风的风速甚至达到 200 米/秒以上。

风是天气变化的主要因素,不同的风能产生迥然不同的天气。地球上除了常年不变的信风和随季节变化的季风外,还有台风、龙卷风、海陆风、山谷风、焚风、布拉风、干热风等形形色色的风。

风对人类既有利也有弊。一年一度的季风给我国大部分地区带来大量的雨水。大风是一种取之不尽、用之不竭的无污染的能源。但大风、台风、龙卷风、干热风等又会给人民生命财产和农业生产带来巨大的威胁。

知识点

气流

气流就是空气的水平以及上下运动,与地球表面呈水平运动的叫水平气流运动,向上运动的空气叫做上升气流,向下运动的空气叫做下降气流。上升气流又分为动力气流和热力气流、山岳波等多种类型。

变幻的云

天空中的云彩绚丽多姿,千变万化,常被人们称为"大自然的图画"。

云是地球上庞大的水循环的有形的结果。太阳照在地球的表面,水蒸发形成水蒸气,一旦水汽过饱和,水分子就会聚集在空气中的微尘(凝结核)周围,由此产生的水滴或冰晶将阳光散射到各个方向,这就产生了云的外观。因为云反射和散射所有波段的电磁波,所以云的颜色成灰度色,云层比较薄时成白色,但当它们变得太厚或浓密而使得阳光不能通过的话,它们可以看起来是灰色或黑色的。

从地面向上十几千米这层大气中,越靠近地面,温度越高,空气也越稠

千变万化的云

密；越往高空，温度越低，空气也越稀薄。

另一方面，江河湖海的水面以及土壤和动植物的水分，随时蒸发到空中变成水汽。水汽进入大气后，成云致雨，或凝聚为霜露，然后又返回地面，渗入土壤或流入江河湖海。以后又再蒸发（汽化），再凝结（凝华）下降。周而复始，循环不已。

水汽从蒸发表面进入低层大气后，这里的温度高，所容纳的水汽较多。如果这些湿热的空气被抬升，温度就会逐渐降低，到了一定高度，空气中的水汽就会达到饱和。如果空气继续被抬升，就会有多余的水汽析出。如果那里的温度高于0℃，则多余的水汽就凝结成小水滴；如果温度低于0℃，则多余的水汽就凝化为小冰晶。在这些小水滴和小冰晶逐渐增多并达到人眼能辨认的程度时，就是云了。

民间早就认识到可以通过观云来预测天气变化。1802年，英国博物学家卢克·霍华德提出了著名的云的分类法，使观云测天气更加准确。霍华德将云分为3类：积云、层云和卷云。这三类云加上表示高度的词和表示降雨的词，产生了10种云的基本类型。根据这些云相，人们掌握了一些比较可靠的预测未来12个小时天气变化的经验。比如：绒毛状的积云如果分布非常分散，可表示为好天气；但是如果云块扩大或有新的发展，则意味着会突降暴雨。

变幻莫测的气候

美丽的卷云

最轻盈、站得最高的云,叫卷云。这种云很薄,阳光可以透过云层照到地面,房屋和树木的光与影依然很清晰。卷云丝丝缕缕地飘浮着,有时像一片白色的羽毛,有时像一缕洁白的绫纱。如果卷云成群成行地排列在空中,好像微风吹过水面引起的鳞波,这就成了卷积云。卷云和卷积云都很高,那里水分少,它们一般不会带来雨雪。还有一种像棉花团似的白云,叫积云。它们常在2 000米左右的天空,一朵朵分散着,映着灿烂的阳光,云块四周散发出金黄的光辉。积云都在上午出现,午后最多,傍晚渐渐消散。在晴天,我们还会偶见一种高积云。高积云是成群的扁球状的云块,排列很匀称,云块间露出碧蓝的天幕,远远望去,就像草原上雪白的羊群。卷云、卷积云、积云和高积云,都是很美丽的。

当那连绵的雨雪将要来临的时候,卷云在聚集着,天空渐渐出现一层薄云,仿佛蒙上了白色的绸幕。这种云叫卷层云。卷层云慢慢地向前推进,天气就将转阴。接着,云层越来越低,越来越厚,隔了云看太阳或月亮,就像隔了一层毛玻璃,朦胧不清。这时卷层云已经改名换姓,该叫它高层云了。出现了高层云,往往在几个钟头内便要下雨或者下雪。最后,云压得更低,变得更厚,太阳和月亮都躲藏了起来,天空被暗灰色的云块密密层层地布满了,这种云叫雨层云。雨层云一形成,连绵不断的雨或雪也就降临了。

夏天,雷雨到来之前,在天空先会看到淡积云。淡积云如果迅速地向上凸起,形成高大的云山,群峰争奇,耸入天顶,就发展成浓积云。当云顶由冰晶组成,有白色毛丝般光泽的丝缕结构,常呈铁砧状或马鬃状,就变成了积雨云。积雨云越长越高,云底慢慢变黑,云峰渐渐模糊,不一会,整座云山崩塌了,乌云弥漫了天空,顷刻间,雷声隆隆,电光闪闪,马上就会哗啦哗啦地下起暴雨,有时竟会带来冰雹或者龙卷风。

水 汽

水汽,呈气态的水。水汽的密度约相当于同温、同压下干空气的 0.622 倍,即水汽密度永远小于干空气的密度。水汽是大气中惟一能发生相变的成分,故在天气变化中极为重要。水汽能强烈地吸收地面辐射,也能放射长波辐射,在水相变化中不断放出或吸收热量,故对地面和空气的温度影响很大。

雨、雪和雾

云中降落的水滴——雨

简单地说,雨其实就是从云中降落的水滴。雨的成因多种多样,它的表现形态也各具特色,有毛毛细雨,有连绵不断的阴雨,还有倾盆而下的阵雨。雨水是人类生活中最重要的淡水资源,植物也要靠雨水的滋润而茁壮成长。但暴雨造成的洪水也会给人类带来巨大的灾难。

云中降落的水滴——雨

变幻莫测的气候

地球上的水受到太阳光的照射后，就变成水蒸气被蒸发到空气中去了。水汽在高空遇到冷空气便凝聚成小水滴。这些小水滴都很小，直径只有 0.01～0.02 毫米，最大也只有 0.2 毫米。它们又小又轻，被空气中的上升气流托在空中。就是这些小水滴在空中聚成了云。这些小水滴要变成雨滴降到地面，它的体积要增大 100 多万倍。

这些小水滴是怎样使自己的体积增长到 100 多万倍的呢？它主要依靠 2 个手段，①凝结和凝华增大；②依靠云滴的碰撞并增大。在雨滴形成的初期，云滴主要依靠不断吸收云体四周的水汽来使自己凝结和凝华。如果云体内的水汽能源源不断得到供应和补充，使云滴表面经常处于过饱和状态，那么，这种凝结过程将会继续下去，使云滴不断增大，成为雨滴。但有时云内的水汽含量有限，在同一块云里，水汽往往供不应求，这样就不可能使每个云滴都增大为较大的雨滴，有些较小的云滴只好归并到较大的云滴中去。

如果云内出现水滴和冰晶共存的情况，那么，这种凝结和凝华增大过程将大大加快。当云中的云滴增大到一定程度时，由于大云滴的体积和重量不断增加，它们在下降过程中不仅能赶上那些速度较慢的小云滴，而且还会"吞并"更多的小云滴而使自己壮大起来。当大云滴越长越大，最后大到空气再也托不住它时，便从云中直落到地面，成为我们常见的雨水。

为测定降雨量的大小，气象工作人员在地面观测场的露天放置一个直径为 20 厘米的金属圆筒雨量器，它一天 24 小时所接收到的雨量就是日降雨量，可用量杯量出。我国中央气象局规定：凡日降雨量在 10 毫米以下的称为小雨，10～25 毫米为中雨，25～50 毫米为大雨，50 毫米以上称为暴雨。我国暴雨强度最大、雨量最多的地方是台湾省。1967 年 10 月 17 日，台湾省的新寮地区曾发生过雨量达 1 672 毫米的纪录，接近非洲南部留尼旺岛日降雨量 1 870 毫米的世界纪录。

1. 雨的好处与坏处

首先，我们讲一下雨的好处。

（1）雨是地球水循环不可缺少的一部分，是几乎所有的远离河流的陆生植物补给淡水的重要方法。

（2）雨可以灌溉农作物，利于植树造林。

（3）雨能够减少空气中的灰尘，能够降低气温。

（4）降雨利于水库蓄水，可以补充地下水，可以补充河流水量利于发电和航运。

（5）降雨可以隔绝嘈杂的世界，营造安宁的环境，可以催眠，可以洗刷街道。

那么，雨的坏处都有哪些呢？

（1）过多的降雨会影响植物生长。

（2）我国长江中下游地区每逢梅雨季节，就会出现一段持续较长的阴沉多雨天气，此时百物极易获潮霉烂。

（3）雷阵雨来袭时，往往会出现狂风大作、雷雨交加的天气现象。大风来时飞沙走石，掀翻屋顶吹倒墙。风雨之中，街上的东西随风起舞，被吹得到处都是，甚至还会连根拔起大树。

（5）持续的雨天也会影响人的情绪，使人觉得烦闷、压抑。

（6）雨下多了会导致交通堵塞。

（7）雨或多或少侵蚀着许多建筑物。

2. 连绵不断的梅雨

居住在长江中下游的人们，往往有这样的体验：晴雨多变的春天一过，初夏随着而来，但不久，天空又会云层密布，阴雨连绵，有时还会夹带着一阵阵暴雨。这就是人们常说的"梅雨"季节来临了。

那么，梅雨是怎么形成的呢？

我国长江中下游地区，通常每年6月中旬到7月上旬前后，是梅雨季节。天空连日阴沉，降水连绵不断，时大时小。所以我国南方流行着这样的谚语："雨打黄梅头，四十五日无日头。"持续连绵的阴雨、温高湿大是梅雨的主要特征。

与同纬度地区的气候迥然不同，梅雨是指一定地区和一定季节内发生的天气和气候现象。研究发现，欧亚大陆在北纬20°~40°，为副热带高压和西风带交替控制的地带。大陆西岸，夏季受副热带南压东侧下沉气流控制，天

变幻莫测的气候

连绵不断的梅雨造成街道积水

气晴朗少云,气候炎热干燥;冬季在西风带影响下,从大西洋带来暖湿空气,形成较多的降水,使气候变得温和多雨。即表现为副热带夏干冬湿的地中海式气候。大陆东岸,夏季受副热带高压西侧控制,下沉空气原来也较干,但从暖湿海面吸收大量水汽,因而带来丰沛的降水,产生了副热带湿润气候。这里由于海陆对比十分强烈,形成了独特的季风气候,其显著特点是夏雨冬干,雨量集中在夏季,恰与地中海式气候相反。如果和同纬度的英国东岸比,也是截然不同。美国东岸中纬地带夏季风来临前后就不会出现长时期的阴雨天气,人们从未有长期天气闷热之感,发霉现象难以出现。可见,在同一纬度上降水季节迥然不同。所以,在世界上,只有我国长江中下游两岸,大致起自宜昌以东、北纬29°~33°的地区以及日本东南部和朝鲜半岛最南部有梅雨出现。也就是说,梅雨是东亚地区特有的天气气候现象,在我国则是长江中下游特有的天气和气候现象。

"梅雨"的名称是怎么得来的呢?原来它源于我国的一个气象名词。梅雨,在古代常称为黄梅雨。早在汉代,就有不少关于黄梅雨的谚语;在晋代已有"夏至之雨,名曰黄梅雨"的记载;自唐宋以来,对梅雨更有许多妙趣横生的描述。唐代文学家柳宗元曾写过一首咏《梅雨》诗:"梅实迎时雨,苍茫值晚春,愁深楚猿夜,梦断越鸡晨。海雾连南极,江云暗北津,素衣今尽化,非为帝京尘。"其中的"梅实迎时雨",指梅子熟了以后,迎来的便是"夏至"节气后"三时"的"时雨"。现在气象上的梅雨是泛指初夏向盛夏过渡期间的一段阴雨天气。

梅雨时节,无孔不入的霉菌给生产和生活都带来危害。由于梅雨时节空气湿度很大,粮食如没有晒干或贮存不当,就很容易霉变。衣服如果没有洗涤干净和彻底晒干,草率地收进衣箱,不管是纯棉的、羊毛的,或者是混纺的都会长霉。木材、家具等生霉现象司空见惯,而胶鞋、轮胎、橡胶管、塑料制品也会生霉,造成木料霉烂、橡胶老化、塑料脆裂和失去光泽。霉菌还能在油漆涂层上生长,使油漆黯然失色;霉菌能使电线漏电,有可能引起火灾;霉菌连玻璃也不放过,照相机、摄像机和显微镜如果保存不当,霉菌就会在镜头上结成网状菌丝,使镜头的透光度大为降低,甚至报废。

防止生霉的措施有通风、日晒、干燥和涂撒防霉剂。晴天时,居室、仓库要通风,不让喜欢阴暗潮湿环境的霉菌滋生。衣服、被褥要在出太阳时及时晾晒;照相机、摄像机、显微镜等精密器械可在梅季到来之前擦干净,密封保存,并在密封器内放干燥剂;皮鞋及家具可涂防霉油与涂料;放橡胶、木材的仓库可喷洒福尔马林防霉。

3. 世界各地奇怪的雨

我们都知道雨是无色透明的液体,可是世界上有很多地方都下过奇怪的雨。

(1) 黄色的雨。在我国的兴安岭地区,每年5—6月期间,会落下奇怪的"杏黄雨"。其实,那是松花粉染色的结果。因为这时期,正当松花盛开的季节,林海上空的黄色花粉和水汽黏在一起,便成了"黄雨"。还有一种"杏黄雨",是龙卷风把地上的黄泥浆卷到天空,与雨水混合到一起降落下来。

(2) 红色的雨。1608年,在法国一个小城中,曾降落一场十分可怕的"血雨"。深红色的雨点哗哗地落下来,大地染上血色。后来知道,这场"血雨"是由大西洋的庞大气旋从北非沙漠地带,把大量微红色和赭石色的尘土带入空中,并和雨点相混,一起落下来的缘故。

(3) 银币雨。1940年,在苏联的一个小村庄里竟然下了一阵银币雨,村民们争相拾拣,认为是"上天的恩赐",其实是暴雨把古代埋在地里的银币冲刷出来后,被一股旋风卷到村庄上空降落下来的。

(4) 报时雨。在印度尼西亚爪哇岛南部的土隆加贡,每天都要下2场非常准时的大雨：第一次是下午3点钟，第二次是下午5点半。人们把这种准时下的大雨，叫做"报时雨"。那些地处偏僻的山村小学，过去因没有钟，就以下雨作为学校作息时间：第一次是上学时间，第二次是放学时间。多少年来，大雨十分"遵守时间"，从未发生过差错。

（5）自控雨。在我国云南，有一个盆地，只要高声呼喊，就会出现雨。这是因为空气对流被呼喊声干扰，加上独特的地形，使冷热空气相互碰撞，导致雨从天而降。

除此之外，世界各地还有各种有趣的雨，比如沙丁鱼雨、橘子雨、青蛙雨、麦子雨、珍珠雨等。

冰晶形成的雪

雪和雨一样，都是云滴凝结而成。当云中的温度在0℃以上时，云中没有冰晶，只有小水滴，这时只会下雨。如果云中和下面空气温度都低于0℃，小水滴就凝结成冰晶、雪花，下落地面。

在天空中运动的水汽怎样才能形成降雪呢？是不是温度低于0℃就可以了？不是的，水汽想要结晶，形成降雪必须具备2个条件：

（1）水汽饱和。空气在某一个温度下所能包含的最大水汽量，叫做饱和水汽量。空气达到饱和时的温度，叫做露点。饱和的空气冷却到露点以下的温度时，空气里就有多余的水汽变成水滴或冰晶。因为冰面饱和水汽含量比水面要低，所以冰晶生长所要求的水汽饱和程度比水滴要低。也就是说，水滴必须在相对湿度（相对湿度是指空气中的实际水汽压与同温度下空气的饱和水汽压的比值）不小于100%时才能增长；而冰晶呢，往往相对湿度不足100%时也能增长。例如，空气温度为－20℃时，相对湿度只有80%，冰晶就能增长了。气温越低，冰晶增长所需要的湿度越小。因此，在高空低温环境里，冰晶比水滴更容易产生。

（2）空气里必须有凝结核。有人做过试验，如果没有凝结核，空气里的水汽过饱和到相对湿度500%以上的程度，才有可能凝聚成水滴。但这样大的过饱和现象在自然大气里是不会存在的。所以没有凝结核的话，我们地球上就很难能见到雨雪。凝结核是一些悬浮在空中的很微小的固体微粒，最理想的凝结核是那些吸收水分最强的物质微粒，比如说海盐、硫酸、氮和其他一些化学物质的微粒。所以我们有时见到天空中有云，却不见降雪。在这种情况下人们往往采用人工降雪。

下雪时的景致美不胜收，但科学家和工艺美术师赞叹的还是小巧玲珑的雪花图案。远在100多年前，冰川学家们已经开始详细描述雪花的形态了。

西方冰川学的鼻祖丁铎耳在他的古典冰川学著作里，这样描述他在罗扎峰上看到的雪花："这些雪花……

冰晶形成的雪花

全是由小冰花组成的，每一朵小冰花都有6片花瓣，有些花瓣像山苏花一样放出美丽的小侧舌，有些是圆形的，有些又是箭形的，或是锯齿形的，有些是完整的，有些又呈格状，但都没有超出六瓣型的范围。"

在我国，早在公元前100多年的西汉文帝时代，有位名叫韩婴的诗人，他写了一本《韩诗外传》，在书中明确指出，"凡草木花多五出，雪花独六出。"

雪花的基本形状是六角形，但是大自然中却几乎找不出两朵完全相同的雪花，就像地球上找不出两个完全相同的人一样。许多学者用显微镜观测过成千上万朵雪花，这些研究最后表明，形状、大小完全一样和各部分完全对称的雪花，在自然界中是无法形成的。

在已经被人们观测过的这些雪花中，再规则匀称的雪花也有畸形的地方。为什么雪花会有畸形呢？因为雪花周围大气里的水汽含量不可能左右上下四面八方都是一样的，只要稍有差异，水汽含量多的一面总要增长得快些。

世界上有不少雪花图案搜集者，他们像集邮爱好者一样收集了各种各样的雪花照片。有个名叫宾特莱的美国人，花了毕生精力拍摄了近6 000张照片。前苏联的摄影爱好者西格尚，也是一位雪花照片的摄影家，他的令人销魂的作品经常被工艺美术师用来作为结构图案的模型。日本人中谷宇吉郎和他的同事们,在日本北海道大学实验室的冷房间里,在日本北方雪原上的帐篷里,含辛茹苦20年,拍摄和研究了成千上万朵的雪花。

我们常见的雪是白色的,但有时也会出现红雪、黄雪、黑雪、绿雪、褐雪等彩雪,它们都是在特殊的环境和条件下形成的。例如,在那些终年冰封的永久性冰雪地带,生长着大量的含有红色素的藻类,白雪就被红藻黏染而成红雪;绿雪常见于北极、西伯利亚和阿尔卑斯山等地,它主要是由绿藻类的雪生衣藻和雪生针联藻的大量繁殖而形成的;在我国天山东段与沙漠相邻的地区,有时会出现因夹着黄色尘土而使白雪变黄的黄雪。

"瑞雪兆丰年"是我国广为流传的农谚。在我国北方,一层厚厚而疏松的积雪,就像是给小麦盖了一床御寒的棉被,积雪还能为农作物储蓄水分。此外,雪还能增强土壤肥力。据测定,每1升雪水里,约含氮化物7.5克,雪水渗入土壤,就等于施了一次氮肥。用雪水喂养家畜家禽、灌溉庄稼都可收到明显的效益。雪对人类也有害处,在三四月份的仲春季节,如突然因寒潮侵袭而下了大雪,就会造成冻寒。所以农谚说:"腊雪是宝,春雪不好。"

水汽凝结的雾

当空气容纳的水汽达到最大限度时,就达到了饱和。气温愈高,空气中所能容纳的水汽也愈多。1立方米的空气,气温在4℃时,最多能容纳的水汽量是6.36克;而气温是20℃时,1立方米的空气中最多可以含水汽量是17.30克。如果空气中所含的水汽多于一定温度条件下的饱和水汽量,多余的水汽就会凝结出来,当足够多的水分子与空气中微小的灰尘颗粒结合在一起,同时水分子本身也会相互黏结,就变成小水滴或冰晶,悬浮在近地面的空气层里,这就形成了雾。雾和云都是由于温度下降而造成的,雾实际上也可以说是靠近地面的云。

白天温度比较高,空气中可容纳较多的水汽。但是到了夜间,温度下降了,空气中能容纳的水汽的能力减少了,因此,一部分水汽会凝结成为雾。特别在秋冬季节,由于夜长,而且出现无云风小的机会较多,地面散热较夏天更迅速,以致地面温度急剧下降,这样就使得近地面空气中的水汽容易在

浓雾笼罩下的高速公路

后半夜到早晨达到饱和而凝结成小水珠,形成雾。秋冬的清晨气温最低,便是雾最浓的时刻。

雾形成的条件:①冷却,②加湿,③有凝结核。雾消散的原因:①下垫面的增温,雾滴蒸发;②风速增大,将雾吹散或抬升成云;③湍流混合,水汽上传,热量下递,近地层雾滴蒸发。雾的持续时间长短,主要和当地气候干湿有关:一般来说,干旱地区多短雾,多在 1 小时以内消散,潮湿地区则以长雾最多见,可持续 6 小时左右。此外,有雾还不能有风。不然,空气中的小水珠被风吹散,雾也聚不起来。

当你攀登黄山、庐山、泰山时,也许都有这样的体会:有时从山下看去,山上白云缭绕,山峦隐没其中。当登上山顶后,山峦清晰可见,白云却在我们的脚下,人如同在雾里一般。根据水平能见度的不同,雾可分为重雾、浓雾、大雾、中雾和轻雾。重雾的水平能见距离不到 50 米;浓雾的水平能见距离为 50~200 米;大雾的水平能见距离为 200~500 米;中雾的能见距离为 500~1 000 米,轻雾的能见距离在 1 000 米以上。

变幻莫测的气候

1. 雾的种类

（1）辐射雾：辐射雾是地面空气因夜间辐射散热冷却达到水汽过饱和状态后形成的。这种雾大多出现在晴朗、微风、近地面水气又比较充沛的夜间或早晨。辐射雾的出现，一般表示当天的天气晴好，因此有"十雾九晴"的说法。

（2）平流雾：暖而湿的空气作水平运动，经过寒冷的地面或水面，逐渐冷却而形成的雾，气象上叫平流雾。

（3）蒸发雾：即冷空气流经温暖水面，如果气温与水温相差很大，则因水面蒸发大量水汽，在水面附近的冷空气便发生水汽凝结成雾，这时雾层上往往有逆温层存在，否则对流会使雾消散，所以蒸发雾范围小，强度弱，一般发生在下半年的水塘周围。

（4）上坡雾：这是潮湿空气沿着山坡上升，绝热冷却使空气达到过饱和而产生的雾。这种潮湿空气必须稳定，山坡坡度必须较小，否则形成对流，雾就难以形成。

（5）锋面雾：锋面雾经常发生在冷、暖空气交界的锋面附近，锋前锋后均有，但以暖锋附近居多。锋前雾是由于锋面上面暖空气云层中的雨滴落入地面冷空气内，经蒸发，使空气达到过饱和而凝结形成；而锋后雾则由暖湿空气移至原来被暖锋前冷空气占据过的地区，经冷却达到过饱和而形成的。因为锋面附近的雾常跟随着锋面一道移动，军事上就常常利用这种锋面雾来掩护部队，向敌人进行突然袭击。

（6）冰雾：当任何类型的雾气里的水滴被冷凝为冰片时便会生成冰雾，常见于南北极。

（7）谷雾：谷雾通常发生在冬天的山谷里。当较重的冷空气移至山谷里，暖空气同时亦在山顶经过时产生了温度逆增现象，结果生成了谷雾，而且可以持续数天。

（8）烟雾：通常所说的烟雾是烟和雾同时构成的固、液混合态气溶胶，如硫酸烟雾、光化学烟雾等。城市中的烟雾是另一种原因所造成的，那就是人类的活动。北方冬季的早晨和晚上正是供暖锅炉供热的高峰期，大量排放的烟尘悬浮物和汽车尾气等污染物在低气压、风小的条件下,不易扩散,与低层空气中的水汽相结合,比较容易形成烟尘(雾),而这种烟尘(雾)持续时间往往较长。

2. 雾与天气变化

雾是千变万化、纷繁复杂的,但常见的雾不外乎辐射雾、平流雾2种。现象虽纷纭,本质都是一个:水汽遇冷凝结而成。有时雾出预报晴,有时雾出预报雨,似乎混乱不堪,但是只要掌握了辐射雾、平流雾的特征,多方观察,仔细分析,就能准确地抓住雾与天晴、下雨的规律,预测天气了。

雾与未来天气的变化有着密切的关系。自古以来,我国劳动人民就认识这个道理了,并反映在许多民间谚语里。如:"黄梅有雾,摇船不问路。"这是说春夏之交的雾是雨的先兆,故民间又有"夏雾雨"的说法。又如:"雾大不见人,大胆洗衣裳。"这是说冬雾兆晴,秋雾也如此。

准确地看雾知天,还必须看雾持续的时间。辐射雾是由于天气受冷、水汽凝结而成,所以白天温度一升高就烟消云散,天气晴好;反之,"雾不散就是雨。"雾若到白天还不散,第二天就可能是阴雨天了,因此民谚说:"大雾不过晌,过晌听雨响。"

为什么同样是雾,有的兆雨,有的兆晴呢?

这要从气象学的知识里得到解释。

秋冬季节,北方的冷空气南下后,随着天气转晴和太阳的照射,空气中的水分含量逐渐增多,这也就是我们说的辐射雾,因此秋冬的雾便往往能预报明天的好天气。春夏季节的雾便不同了,它大多来自海上的暖湿气流,碰到较冷的地面,下层空气变冷,水汽就凝结成雾,这就是平流雾。它是海上的暖湿空气侵入大陆,突然遇冷而形成的。这些暖湿气流与大陆的干冷空气相遇,自然就阴雨绵绵。所以,春夏雾预示着天气阴雨。

雾与天气的关系如此密切,故可以看雾知天气的变化了。不过,上述的关于辐射雾、平流雾的解释只是就大体情况而言的。雾与天气的关系并不如此简单,还有许多复杂的内容,因此不能生搬硬套,而要具体情况具体分析。也就是说,要准确地看雾知天,还要作多方面观察、分析,进行综合判断。

3. 雾的影响与人类健康

雾是对人类交通活动影响最大的天气之一。由于有雾时的能见度大大降低，很多交通公具都无法使用，如火车、飞机等；或使用效率降低，如汽车、轮船等。

雾一多就表示空气中灰尘变多（例如"雾都"伦敦），这是危害人的健康的。有些人锻炼身体很有毅力，不论什么天气，从不间断。其实，有毅力是好事，但天天坚持也未必正确，比如雾天锻炼就有些得不偿失。雾天，污染物与空气中的水汽相结合，将变得不易扩散与沉降，使得污染物大部分聚集在人们经常活动的高度。而且，一些有害物质与水汽结合，会变得毒性更大，如二氧化硫变成硫酸或亚硫化物，氯气水解为氯化氢或次氯酸，氟化物水解为氟化氢。因此，雾天空气的污染比平时要严重得多。还有一个原因也需要强调一下，那就是组成雾核的颗粒很容易被人吸入，并容易在人体内滞留，而锻炼身体时吸入空气的量比平时多很多，雾天锻炼身体吸入的颗粒会很多，这更加加剧了有害物质对人体的损害程度。如长时间滞留在这种环境中，人体会吸入有害物质，消耗营养，造成机体内损，极易诱发或加重疾病，尤其是一些患有对环境敏感的疾病，如支气管哮喘、肺炎等呼吸系统疾病的人，会出现正常的血液循环阻碍，导致心血管病、高血压、冠心病、脑出血等。

专家提醒，大雾天气人们要减少户外活动时间，在户外时戴上围巾、口罩，保护好皮肤、咽喉、关节等部位，中老年、儿童、身体虚弱的人更应重点防护。

冰 晶

冰晶，是水汽在冰核上凝华增长而形成的固态水成物。它以一些尘埃为中心从而与水蒸气一起在较低的温度下形成一个像冰一样的物质，在冰晶增长的同时，冰晶附近的水汽会被消耗。所以，越靠近冰晶的地方，水汽越稀薄，过饱和程度越低。

雾凇与雨凇

雾　凇

雾凇俗称"树挂"，在北方很常见，是北方冬季可以见到的一种类似霜降的自然现象，是一种冰雪美景。雾凇是由于雾中无数0℃以下而尚未结冰的雾滴随风在树枝等物体上不断积聚冻黏的结果，表现为白色不透明的粒状结构沉积物。

冰雪美景——雾凇

过冷水滴（温度低于0℃）碰撞到同样低于冻结温度的物体时，便会形成雾凇。当水滴小到一碰上物体马上冻结时，便会结成雾凇层或雾凇沉积物。雾凇层由小冰粒构成，在它们之间有气孔，这样便造成典型的白色外表和粒状结构。由于各个过冷水滴的迅速冻结，相邻冰粒之间的内聚力较差，易于从附着物上脱落。被过冷却云环绕的山顶上也最容易形成雾凇，在寒冷的天气里泉水、河流、湖泊或池塘附近的蒸发雾也可形成雾凇。

雾凇有2种。①过冷却雾滴碰到冷的地面物体后，迅速冻结成粒状的小冰块，叫粒状雾凇，它的结构较为紧密。②由过冷却雾滴凝华而形成的晶状雾凇，结构较松散，稍有震动就会脱落。

我国的吉林雾凇，仪态万方、独具风韵的奇观，让络绎不绝的中外游客赞不绝口。每当雾凇来临，吉林市松花江岸十里长堤"忽如一夜春风来，千树万树梨花开"，柳树结银花，松树绽银菊，把人们带进如诗如画的仙境。北方也有一些地方偶尔也有雾凇出现，而吉林雾凇不仅因为结构很疏松，密度很小，没有危害，而且还对人类有很多益处。

现代都市空气质量下降是让人担忧的问题，吉林雾凇可是空气的天然清洁工。人们在观赏玉树琼花般的吉林雾凇时，都会感到空气格外清新舒爽、滋润肺腑，这是因为雾凇有净化空气的内在功能。空气中存在着肉眼看不见的大量微粒，其直径大部分在2.5微米以下，约相当于人类头发丝直径的1/40，体积很小，重量极轻，悬浮在空气中，危害人的健康。据美国对微粒污染危害做的调查测验表明，微粒污染重比微粒污染轻的城市，患病死亡率高15%，微粒每年导致5万人死亡，其中大部分是已患呼吸道疾病的老人和儿童。雾凇初始阶段的凇附，吸附微粒沉降到大地，净化空气，因此，吉林雾凇不仅在外观上洁白无瑕，给人以纯洁高雅的风貌，而且还是天然大面积的空气"清洁器"。

雾凇是受到人们普遍欣赏的一种自然美景，但是它有时也会成为一种自然灾害。严重的雾凇有时会将电线、树木压断，造成巨大损失。

雨　凇

雨凇和雾凇的形成机制差不多，通常出现在阴天，多为冷雨产生，持续时间一般较长，日变化不很明显，昼夜均可产生。

雨凇是在特定的天气背景下产生的降水现象。形成雨凇时的典型天气是微寒（0~3℃）且有雨，风力强、雾滴大，多在冷空气与暖空气交锋，而且暖空气势力较强的情况下才会发生。比如我国，在此期间的江淮流域上空的西北气流和西南气流都很强，地面有冷空气侵入，这时靠近地面一层的空气温度较低（稍低于0℃），1 500~3 000米上空又有温度高于0℃的暖气流北上，形成一个暖空气层或云层，再往上3 000米以上则是高空大气，温度低于0℃，云层温度往往在-10℃以下，即2 000米左右高空，大气温度一般为0℃

左右，而 2 000 米以下温度又低于 0℃，也就是近地面存在一个逆温层。大气垂直结构呈上下冷、中间暖的状态，自上而下分别为冰晶层、暖层和冷层。

从冰晶层掉下来的雪花通过暖层时融化成雨滴，接着当它进入靠近地面的冷气层时，雨滴便迅速冷却，成为过冷却雨滴（大气中有这样的物理特性：气温在摄氏零下几十度时，仍呈液态，被称为"过冷却"水滴，如过冷却雨滴、过冷却雾滴）。形成雨凇的雾滴、水滴均较大，而且凝结的速度也快。由于这些雨滴的直径很小，温度虽然降到 0℃ 以下，但还来不及冻结便掉了下来。

当这些过冷雨滴降至温度低于 0℃ 的地面及树枝、电线等物体上时，便集聚起来布满物体表面，并立即冻结成毛玻璃状透明或半透明的冰层，使树枝或电线变成粗粗的冰棍，一般外表光滑或略有隆突，有时还边滴淌、边冻结，结成一条条长长的冰柱，就变成了我们所说的"雨凇"。

雨凇以山地和湖区多见。中国大部分地区雨凇都在 12 月至次年 3 月出现。中国年平均雨凇日数分布特点是南方多、北方少（但华南地区因冬暖，极少有接近 0℃ 的低温，因此既无冰雹也无雨凇）；潮湿地区多而干旱地区少（尤以高山地区雨凇日数最多）。中国年平均雨凇日数在 20~30 天以上的台站，差不多都是高山站，而平原地区绝大多数台站的年平均雨凇日数都在 5 天以下。

雨凇组成的冰花世界，点点滴滴裹嵌在草木之上，结成各式各样美丽的冰凌花，有的则结成钟乳石般的冰挂，满山遍野一片银装素裹的世界。茫茫群峰是座座冰山，那造型奇特的松树、遍地的灌木，此时也成为银花盛开的玉树，仿佛银枝玉叶，分外诱人；满枝满树的冰挂，犹如珠帘长垂，山风拂荡，分外晶莹耀眼，如进入了琉璃世界；冰挂撞击，叮当作响，宛如曲曲动听的仙乐，和谐有节，清脆悦耳；山峦、怪石之上，茫茫一片，似雪非雪，仿佛披上一层晶莹的玉衣，光彩照人。在冬天灿烂的阳光下，分外晶莹剔透、闪烁生辉，蔚为奇观。

虽然雨凇使大地银装素裹，晶莹剔透，但雨凇却是一种灾害性天气，不易铲除，破坏性强。它所造成的危害是不可忽视的。

雨凇与地表水的结冰有明显不同，雨凇边降边冻，能立即黏附在裸露物

变幻莫测的气候

雨凇组成的冰花世界

的外表而不流失，形成越来越厚的坚实冰层，从而使物体负重加大，严重的雨凇会压断树枝、农作物、电线，压垮房屋，妨碍交通。

雨凇最大的危害是使供电线路中断。高压线高高的钢塔在下雪天时，可能会使电线负荷2~3倍的电线重量；但是如果有雨凇的话，可能会使电线负荷10~20倍的电线重量。电线或树枝上出现雨凇时，电线结冰后，遇冷收缩，加上风吹引起的震荡和雨凇重量的影响，能使电线和电话线不胜重荷而被压断，几千米以致几十千米的电线杆成排倾倒，造成输电、通讯中断，严重影响当地的工农业生产。历史上许多城市出现过高压线路因为雨凇而成排倒塌的情况。

雨凇也会威胁飞机的飞行安全，飞机在有过冷水滴的云层中飞行时，机翼、螺旋桨会积水，影响飞机空气动力性能造成失事。因此，为了冬季飞行安全，现代飞机基本都安装有除冰设备。当路面上形成雨凇时，公路交通因地面结冰而受阻，交通事故也因此增多，山区公路上地面结冰也是十分危险的，往往易使汽车滑向悬崖。

由于冰层不断地冻结加厚，常会压断树枝，因此雨凇对林木也会造成严重破坏。坚硬的冰层也能使被它覆盖在下面的庄稼糜烂不堪，如果麦田结冰，就会冻断返青的冬小麦，或冻死早春播种的作物幼苗。另外，雨凇还能大面积地破坏幼林、冻伤果树，农牧业和交通运输等方面受到较大程度的损失。严重的冻雨也会把房子压塌，危及人们的生命财产安全。

雨凇造成灾害的可能性与程度，都大大超过雾凇。在高纬度地区，雨凇是常出现的灾害性天气现象。消除雨凇灾害的方法，主要是在雨凇出现时，采取人工落冰的措施，发动输电线沿线居民不断把电线上的雨凇敲刮干净，并对树木、电网采取支撑措施；在飞机上安装除冰设备或干脆绕开冻雨区域

多姿多彩的天气现象

飞行,可部分减轻雨淞带来的危害。

总之,雨淞是冬季的一种低温灾害,为了出行安全,航空、铁路、公路、电力、电信、邮政等部门以及广大民众都应十分重视。

美丽的虹霓和晕华

色彩缤纷的虹霓

夏季雨后,在对着太阳那边的天空,常会出现彩色圆弧,伴有红、橙、黄、绿、蓝、靛、紫七种颜色。这种圆弧常出现2个,其中红色在外、紫色在内颜色鲜艳的叫"虹",另一个紫色在外、红色在内颜色较淡的叫"霓",人们称这种美丽的自然现象为虹霓。

那么,虹霓是怎么形成的呢?

夏日傍晚雨后的天空中常常悬浮有大量的微小水珠,在傍晚差不多水平射向东方的太阳光射到这些微小的水珠内经过一次反射后,再从水珠内折射出来并斜向下方射到人们的眼睛里;人眼按直线追溯射入眼中的光线射来的方向看到偏折较小的红光出现在"虹"的最外侧,而折射率最大的紫光

色彩缤纷的虹霓

出现在"虹"的内侧;而且太阳光经过水滴后主要发生一次反射,故人们将"虹"又称为主虹。

当一束太阳光射入一小水滴发生折射(色散)而在水滴内发生2次反射时,其在水珠中的传播,折射率小的红光的出射光线方向与入射方向形成一个向上的夹角,折射率大的紫光的出射方向与入射方向形成一个向下的夹角,

人眼根据视觉的直线特性而将观察到射出水滴后的光线在空中形成外侧成紫色而内侧成红色的彩色分布。由于太阳光经过水滴后发生2次反射的情况较发生1次反射的光能量损失很多，因而"霓"的亮度比"虹"的亮度暗得多，故又将其称作副虹。副虹位于主虹之上，副虹下面才是主虹。

太阳光在水珠内经过3次、4次反射也可以形成彩带而被称为第三虹、第四虹等，但它们的色彩更暗淡，故一般很难看得到。

彩虹其实并非出现在半空中的特定位置。它是观察者看见的一种光学现象，彩虹看起来的所在位置，会随着观察者而改变。当观察者看到彩虹时，它的位置必定是在太阳的相反方向。彩虹的拱以内的中央，其实是被水滴反射、放大了的太阳影像，所以彩虹以内的天空比彩虹以外的要亮。彩虹拱形的正中心位置，刚好是观察者头部影子的方向，虹的本身则在观察者头部的影子与眼睛一线以上40°~42°的位置。因此，当太阳在空中高于42°时，彩虹的位置将在地平线以下而不可见。这也是为什么彩虹很少在中午出现的原因。

我国早在殷代甲骨文里就有了虹的记载，当时把虹字形象地写成" = "。到了唐代，对虹有了比较科学的解释。唐初孔颖达（574—648）在《礼记注疏·月令》中写道："若云薄漏日，日照雨漏则虹生。"这里已粗略地揭示了虹的成因。在欧洲，英国科学家罗吉尔·培根（1214—1292）最早指出虹霓是由太阳光照射空中的雨滴，发生反射和折射现象而形成的。笛卡尔在1637年发现水滴的大小不会影响光线的折射。他以玻璃球注入水来进行实验，得出水对光的折射指数，用数学证明彩虹的主虹是水点内的反射造成的，而副虹则是2次反射造成的。他准确计算出彩虹的角度，但未能解释彩虹的七彩颜色。后来，牛顿以玻璃菱镜把太阳光散射成彩色之后，关于彩虹形成的光学原理全部被发现。

预测天气的霞

日出前后和日落前后，天空的很大部分，特别是太阳附近的天空染上了颜色。当这部分天空有云朵时，云朵也染上了颜色，从地平线向上空，彩色的排序为红、橙、黄、绿、青、蓝、紫，有时个别彩色可能不明显，但排序不变，这就是朝晚霞。日出前后的叫朝霞，日落前后的叫晚霞。

霞是怎样形成的呢？实际上它和天空产生蔚蓝色的道理是一样的，都是由于空气分子的散射作用而造成的。只不过当日出和日落前后时，阳光通过厚厚的大气层，被大量的空气分子散射的结果。据计算，太阳在地平线上时所透过的大气层厚度为白天太阳当头时所透过的大气层的35倍。由于阳光被大量空气分子所散射，紫色和蓝色的光减弱得最多，到达地平线上空时已所剩无几了，余下的只是波长较长的黄、橙、红色光了。这些光线经地平线上空的空气分子和尘埃、水汽等杂质散射以后，那里的天空看起来也就带上了绮丽的色彩。空中的尘埃、水汽等杂质愈多时，这种色彩愈显著。如果有云，云块也会染上橙红艳丽的颜色。

另外，存在于大气中的水汽和灰尘是影响霞的样子的基本因素。大气中所含的水汽越多，霞的色彩越红。空气湿度的增加通常发生于坏天气的气旋逼近之前，因此当出现红色或橙色的鲜明的霞时，就可能预示着天气将变坏，当然也可能预示着降水的发生。谚语说："早霞不出门，晚霞行千里"，就是说早霞预兆雨天，晚霞预示晴天。

晕与华

（1）最初的天文学，晕是指盘状星系（类似银河系）周围包含球状星团和一些特殊恒星的一个球形区域。后来，晕扩展为以暗物质的引力影响占支配地位、将星系包容在内的更大的球形区域。

五彩的日晕

当天空中有由冰晶组成的薄的卷云或卷层云时，在日、月周围会出现一些以日月为中心的彩色光环和圆弧，称为晕。常见的晕是视半径（是指观测者的眼睛到光弧圆心的连线与观测者的眼睛到光弧上任意一点的连线所形成的夹角度数）为22°和46°的圆环，色彩排列是内红外紫。

晕是由于日月光通过云中冰晶

折射或反射后再到达人的眼睛而形成的,由于冰晶形状、分布,光线通过冰晶时的路径各不相同,晕的形状也就十分复杂,我们仅以22°晕为例来讨论其形成过程。云中冰晶以六角柱状和六角片状为主,在六角形一面上,每个内角为120°,此即相邻两侧面的夹角,相间两侧面的夹角为60°,六角形面与侧面间夹角为90°。光线通过冰晶时发生的折射与光线通过棱镜时的折射相同。

  天空中有一层高云,阳光或月光透过云中的冰晶时发生折射和反射,便会在太阳或月亮周围产生彩色光环,光环彩色的排序是内红外紫,称这七色彩环为日晕或月晕,统称为晕。其中对观测者所张的角半径为22°的晕最为常见,称22°晕,偶尔也可看到角半径为46°的晕和其他形式的与晕相近的光弧。由于有卷层云存在才出现晕,而卷层云常处在离锋面雨区数百千米的地方,随着锋面的推进,雨区不久可能移来,因此晕就往往成为阴雨天气的先兆。

  当天空悬浮着的六角柱状冰晶呈直立形状慢慢下降时,太阳光经过顶角为90°棱镜折射,最小偏向角在46°附近,从而形成46°晕环,其色彩排列与22°晕相同,只是由于光线较弱,有时呈现暗淡的白色晕环。实际上,大气中冰晶取向是随机分布的,当日月光倾斜穿过云层时,总会在某些冰晶中发生上述折射现象,当天空中冰晶数量很多时就可以出现以日月为中心的晕环,但由于冰晶在整个天空分不均匀,冰晶的某些取向很不稳定,造成晕环有时不完整,只能看到一些弧形光带。

  日月光有时经过冰晶反射后进入人眼,也会形成白色的晕。由于冰晶取向多样,折射反射过程复杂,就形成了多种多样晕的现象。

  晕出现在卷云和卷层云中,往往与锋面云系相联系,在冷暖锋前部,由于暖湿空气沿锋面抬升,在高空形成卷层云,随着锋面推移,在锋面过境前后就会出现降水和大风,因此有"日晕三更雨,月晕午时风"的谚语。

  当代气象科学实践表明,在天气由晴转阴雨时,人们先看到卷层云,而后天空出现会产生降雨的中低云。出现了卷层云,就得看其后的中低云是否发展,若发展,其结果就是要降雨。这就是判断日月晕后是否有风雨的主要征兆。无论是接连数天的晕还是昙花一现的晕,都应看晕后中低云的发展速度。中低云发展移入快,降水来得快;发展移入慢,降水也就姗姗来迟;不移入，则不会有降水。

(2) 华也是一种天气现象，天空有薄云时，透过云层在太阳或月亮周围看到的彩色光环。其色序为内紫外红，最多可重复出现3次。最靠近华发光体的光环叫华盖，华的内侧呈白色或青白色，中间是黄色，外缘呈红褐色。其角半径通常小于5°，一般只包含华盖部分，然而发展完善的华，其角半径可达10°。

华是由于日光或月光在云中水滴或冰晶间发生衍射而生成的。云滴直径越小，光环越大。云滴的大小越均匀，光环的色彩越鲜明。因此只要测定华的彩环张角，就能大致估计云滴的平均大小。火山爆发后，空中悬浮大量和光波波长大小相近的火山尘，当它们飘浮在太阳或月亮光盘之下时，因衍射作用也能生成类似于华的彩色光环，角半径约22°，称为毕旭甫光环。华也是一种地方性的天气预兆，如果从晕变到华，而且华张角又在减小，则表示云中水滴增大，云层变厚，因而有降水的可能。

折 射

光从一种透明介质（如空气）斜射入另一种透明介质（如水）时，传播方向一般会发生变化，这种现象叫光的折射。

闪耀响亮的雷电

闪电和打雷是大气中的一种放电现象。在人们不知道雷电发生的原因之前，以为天上有"雷公"、"电母"之神，还杜撰了"雷劈孽子"的故事来警告那些忤逆不孝的人。

直到1752年7月的一天，美国科学家富兰克林冒着生命危险，在雷雨中将一只带有铁丝尖端的丝绸风筝放上了天，结果把天雷引到了地面。这次实验揭开了千百年来的雷电之谜：原来，天上的雷电和我们平时看到的两个物

变幻莫测的气候

电荷碰撞产生的雷电

体摩擦生电完全是一回事。

那么,雷电到底是怎么形成的呢?雷电一般产生于对流发展旺盛的积雨云中,因此常伴有强烈的阵风和暴雨,有时还伴有冰雹和龙卷风。积雨云顶部一般较高,可达20千米,云的上部常有冰晶。冰晶的淞附、水滴的破碎以及空气对流等过程,使云中产生电荷。云中电荷的分布较复杂,但总体而言,云的上部以正电荷为主,下部以负电荷为主。因此,云的上、下部之间形成一个电位差。当电位差达到一定程度后,就会产生放电,这就是我们常见的闪电现象。闪电的平均电流是3万安培,最大电流可达30万安培。闪电的电压很高,约为1亿~10亿伏特。一个中等强度雷暴的功率可达1万千瓦,相当于一座小型核电站的输出功率。放电过程中,由于闪道中温度骤增,使空气体积急剧膨胀,从而产生冲击波,导致强烈的雷鸣。带有电荷的雷云与地面的突起物接近时,它们之间就发生激烈的放电。在雷电放电地点会出现强烈的闪光和爆炸的轰鸣声,这就是人们见到和听到的闪电雷鸣。

其实,闪电和雷声是同时发出的,但由于闪电是光,它的速度(30万千米/秒)要比是声音的雷的速度(340米/秒)快得多,所以我们平时总是先看到闪电,后听到雷声。

雷电可分为直击雷、电磁脉冲、球型雷、云闪4种。其中直击雷和球型雷都会对人和建筑造成伤害,而电磁脉冲主要影响电子设备,云闪由于是在两块云之间或一块云的两边发生,所以对人类危害最小。直击雷就是在云体上聚集很多电荷,大量电荷要找到一个通道来泄放,有的时候是一个建筑物,有的时候是一个铁塔,有的时候是空旷地方的一个人,所以这些人或物体都变成电荷泄放的一个通道,从而把人或者建筑物给击伤了。直击雷是威力最大的雷电,而球型雷的威力比直击雷小。

雷电可以击毁房屋，引起森林火灾，破坏高压输电线路。雷电更是安全飞行的大敌。如飞机误入雷雨云中，易遭受强烈颠簸，使飞机外壳结冰，甚至遭受直接电击而造成飞行失事。

雷电对人体的伤害，有电流的直接作用和超压或动力作用，以及高温作用。当人遭受雷电击的一瞬间，电流迅速通过人体，重者可导致心跳、呼吸停止，脑组织缺氧而死亡。另外，雷击时产生的是火花，也会造成不同程度的皮肤烧灼伤。雷电击伤，亦可使人体出现树枝状雷击纹，表皮剥脱，皮内出血，也能造成耳鼓膜或内脏破裂等。闪电的受害者有2/3以上是在户外受到袭击，他们每3个人中有2个幸存。在闪电击死的人中，85%是女性，年龄大都在10~35岁。死者以在树下避雷雨的最多。

美国的纽约是雷电灾害最多的地区，在近几年更是明显加强。我国也是一个多自然灾害的国家，跟地理位置有着不可分割的关系。最为严重的是广东省南部地区，东莞、深圳、惠州一带的雷电自然灾害已经达到世界之最，这些地方雷电灾害之重也是因为大气层位置比较偏低所造成的。我国的东莞最为严重，雷电所带来的经济发生损失在夏季5—8月之间。雷电伤人事件在东莞地区每年都会发生，为全世界雷击人事件最频繁、最多的地区，是我国乃至全世界的雷电受灾重区之一。

当然，雷电并不都是坏事。仲夏季节产生雷电的雷雨云往往伴随着降雨，能给农作物提供充分的水分。雷雨将大气中的灰尘、烟雾等污染物冲刷一光，起着净化大气的作用，使雨后的空气变得更加清新。另外，闪电产生的高温，能使空气中氮气和氧气直接化合成二氧化氮，随雨水渗入土壤中变成硝酸盐（它是肥田的上等肥料）。

电　荷

带正负电的基本粒子称为电荷，带正电的粒子叫正电荷（表示符号为"＋"），带负电的粒子叫负电荷（表示符号为"－"）。电荷也是某些基本粒

子（如电子和质子）的属性，它使基本粒子互相吸引或排斥。

 亮晶晶的霜露

霜的形成与消失

在寒冷季节的清晨，草叶上、土块上常常会覆盖着一层霜的结晶。它们在初升起的阳光照耀下闪闪发光，待太阳升高后就融化了。人们常常把这种现象叫"下霜"。翻翻日历，每年10月下旬，总有"霜降"这个节气。我们看到过降雪，也看到过降雨，可是谁也没有看到过降霜。其实，霜不是从天空降下来的，而是在近地面层的空气里形成的。

白色的冰晶——霜

霜是一种白色的冰晶，多形成于夜间。少数情况下，在日落以前太阳斜照的时候也能开始形成。通常，日出后不久霜就融化了。但是在天气严寒的时候或者在背阴的地方，霜也能终日不消。

霜本身对植物既没有害处，也没有益处。通常人们所说的"霜害"，实际上是在形成霜的同时产生的"冻害"。

霜的形成不仅和当时的天气条件有关，而且与所附着的物体的属性也有

关。当物体表面的温度很低，而物体表面附近的空气温度却比较高，那么在空气和物体表面之间有一个温度差。如果物体表面与空气之间的温度差主要是由物体表面辐射冷却造成的，则在较暖的空气和较冷的物体表面相接触时空气就会冷却，达到水汽过饱和的时候多余的水汽就会析出。如果温度在0℃以下，则多余的水汽就在物体表面上凝华为冰晶，这就是霜。因此，霜总是在有利于物体表面辐射冷却的天气条件下形成。另外，云对地面物体夜间的辐射冷却是有妨碍的，天空有云不利于霜的形成。因此，霜大都出现在晴朗的夜晚，也就是地面辐射冷却强烈的时候。

此外，风对于霜的形成也有影响。有微风的时候，空气缓慢地流过冷物体表面，不断地供应着水汽，有利于霜的形成。但是，风大的时候，由于空气流动得很快，接触冷物体表面的时间太短，同时风大的时候，上下层的空气容易互相混合，不利于温度降低，从而也会妨碍霜的形成。大致说来，当风速达到3级或3级以上时，霜就不容易形成了。

霜的形成，不仅和上述天气条件有关，而且和地面物体的属性有关。霜是在辐射冷却的物体表面上形成的，所以物体表面越容易辐射散热并迅速冷却，在它上面就越容易形成霜。同类物体，在同样条件下，假如质量相同，其内部含有的热量也就相同。如果夜间它们同时辐射散热，那么，在同一时间内表面积较大的物体散热较多，冷却得较快，在它上面就更容易有霜形成。这就是说，一种物体，如果与其质量相比，表面积相对大的，那么，在它上面就容易形成霜。草叶很轻，表面积却较大，所以草叶上就容易形成霜。另外，物体表面粗糙的，要比表面光滑的更有利于辐射散热，所以，在表面粗糙的物体上更容易形成霜，如土块。

霜的消失有2种方式：①升华为水汽，②融化成水。最常见的是日出以后因温度升高而融化消失。霜所融化的水，对农作物有一定好处。

霜的出现，说明当地夜间天气晴朗并寒冷，大气稳定，地面辐射降温强烈。这种情况一般出现于有冷气团控制的时候，所以往往会维持几天好天气。我国民间有"霜重见晴天"的谚语，道理就在这里。

地面凝结的露水

夏秋的清晨，我们常可在一些草叶上看到一颗颗亮晶晶的小水珠，这就是露。古时候，人们以为露水是从别的星球上掉下来的宝水，所以许多民间医生及炼丹家都注意收集露水，用它来医治百病及炼就"长生不老丹"。其实，露水不是从天上降下来的，而是在地面上形成的。

地面凝结形成的露水

露水的成因可以从吃冰镇饮料时得到证明。当我们把冷饮倒进杯子里时，杯子外面马上会出现一层薄薄的水珠。这是因为杯子外面的热空气碰到杯壁时冷却而达到饱和，于是一部分水汽就在杯子外面凝结成小水珠。在晴朗无云、微风飘拂的夜晚，由于地面的花草、石头等物体散热比空气快，温度比空气低，当较热的空气碰到地面这些温度较低的物体时，便会发生饱和而凝结成小水珠滞留在这些物体上面，这就是我们看到的露水。如果夜间有微风，那么，它们会把那些由于发生了水汽凝结而变得较干燥的空气吹走，使湿热空气不断补充进来，从而产生较大的露珠。

露水对农作物生长很有利。因为在炎热的夏天，白天作物的光合作用很强，会蒸发掉大量的水分，发生轻度的枯萎。到了夜间。由于露水的供应，又使作物恢复了生机。此外，作物在潮湿的空气里有利于对已积累的有机物的转化和运输。

漫谈气候变化

　　气候变化是指全球气候平均值和离差值两者中的一个或两者同时随时间出现了统计意义上的显著变化。平均值的升降，表明气候平均状态的变化；离差值增大，表明气候状态不稳定性增加，天气异常愈明显。
　　气候变化对我们有多大的影响呢？据世界气象组织宣布，1998年至2007年是有记载以来最暖的十年。没有人知道气候变化的影响在多大程度上才能算是"安全"，但我们却清楚知道全球气候变化为人类及生态系统带来的灾难：极端天气、冰川消融、永久冻土层融化、珊瑚礁死亡、海平面上升、生态系统改变、旱涝灾害增加、致命热浪等等。现在，不再是科学家在预言着这些改变，从北极到赤道，人类已开始在全球气候变化的影响下挣扎着求生存。但这一切只不过是气候变化的影响之序幕，我们正在经历危险的气候变化。

变化的气候

　　气候变化，是指气候平均状态统计学意义上的巨大改变或者持续较长一段时间（典型的为10年或更长）的气候变动。
　　那么具体而言，什么是气候变化？
　　气候变化是指气候平均值和离差值2者中的1个或2者同时随时间出现了统计意义上的显著变化。平均值的升降，表明气候平均状态的变化；离差值增大,表明气候状态不稳定性增加,气候异常愈明显。《联合国气候变化框架公约》(英文缩略为 NFCCC)第一款中,将"气候变化"定义为:"经过相当一段时间的观察,在自然气候变化之外,由人类活动直接或间接地改变全球大气组成所导致的气候改变。"UNFCCC 将因人类活动而改变大气组成的"气候变化"与归因于自然原因的"气候变率"区分开来。

造成气候变化的原因是什么?气候变化的原因可能是自然的内部进程,或是外部强迫,或者是人为地持续对大气组成成分和土地利用的改变,既有自然因素,也有人为因素。

在人为因素中,主要是由于工业革命以来人类活动(特别是发达国家工业化过程的经济活动)引起的。化石燃料燃烧和毁林、土地利用变化等人类活动所排放温室气体,导致大气温室气体浓度大幅增加,温室效应增强,从而引起全球气候变暖。据美国橡树岭实验室研究报告,自 1750 年以来,全球累计排放了 1 万多亿吨二氧化碳,其中发达国家排放约占 80%。

国际应对气候变化有哪些主张呢?尽管还存在一点不确定因素,但大多数科学家仍认为及时采取预防措施是必需的。全球气候变化问题引起了国际社会的普遍关注。针对气候变化的国际响应,是随着联合国气候变化框架条约的发展而逐渐成形的。1979 年第一次世界气候大会呼吁保护气候;1992 年通过的《联合国气候变化框架公约》确立了发达国家与发展中国家"共同但有区别的责任"原则,阐明了其行动框架,力求把温室气体的大气浓度稳定在某一水平,从而防止人类活动对气候系统产生"负面影响";1997 年通过的《京都议定书》(以下简称《议定书》)确定了发达国家 2008—2012 年的量化减排指标;2007 年 12 月达成的巴厘路线图,确定就加强 UNFCCC 和《议定书》的实施分头展开谈判,并于 2009 年 12 月在哥本哈根举行了缔约方会议。

尽管目前各缔约方还没有就气候变化问题综合治理所采取的措施达成共识,但全球气候变化会给人带来难以估量的损失,气候变化会使人类付出巨额代价的观念已为世界所广泛接受,并成为广泛关注和研究的全球性环境问题。

我国气候变化史

1973年,竺可桢提出了中国历史时期气候周期性波动变化的基本状况。他认为近2 000年中,汉代是温暖时期,三国开始后不久,气候变冷,并一直推迟到唐代开始。唐末以后,气候再次变冷,至15世纪渐入小冰期,呈2峰3谷结构,直至20世纪初气候回暖,小冰期结束。汉代、唐代是年均温高于现代约2℃的温暖时期。该研究成果已为气候学界和历史地理学界广泛采用。但近些年来,由于新资料的发现和研究方法的改进,许多学者对竺可桢的工作作了补充。其中朱士光等认为2000~3000年以来,中国历史时期气候变化经历了以下几个阶段:

(1)西周冷干气候(公元前11世纪至公元前8世纪中期);
(2)春秋至西汉前期暖湿气候(公元前8世纪中期至公元前1世纪);
(3)西汉后期至北朝凉干气候(公元前1世纪中期至6世纪);
(4)隋和唐前、中期暖湿气候(7—8世纪);
(5)唐后期至北宋时期凉干气候(9—11世纪);
(6)金前期湿干气候(12世纪);
(7)金后期和元代凉干气候(13和14世纪前半叶);
(8)明清时期冷干气候(14世纪后半叶至20世纪初)。

后来许多地理学家对我国的气候变化作了进一步修改,但总的趋势大致如此。

历史时期的气候不仅在气温上有周期性波动,引起冷暖的变化,而且在湿度方面也存在一定的变化。总的说来,暖期与湿期、冷期与干期是相互对应的,但每个冷暖期内部又有干湿波动,不可一概而论。朱士光等研究认为,气温的变化要快于降水量的变化,而降水量的变化幅度又大于气温变化的幅度。在历史时期,气候冷暖波动与干湿波动有明显的相关性,但不完全同步。

21世纪的气候变化——令人担忧的同时也要反思

孤耸于太平洋的复活节岛是地球上最偏远的地区之一。拉诺·洛拉科火山口那亘古沉默的巨石人像是古文明留给我们的唯一见证。在人类对环境资源的过度开发中,古文明消失了。而在部落之间无休止的争斗中,掠夺性的

变幻莫测的气候

古文明的没落给我们警示

砍伐使大片的森林迅速地从地球上消失殆尽，水土不断流失、鸟类濒临毁灭，维系人类生存的粮食及农业系统屡遭破坏。灾难迫在眉睫，警钟已鸣，但为时已晚，崩溃性的危机在所难免。

复活节岛的故事令人惊惶，它警示我们，不善待生态资源将会给地球带来怎样的恶果。21世纪气候的变化正是这一故事在全球的延伸，差别在于：在复活节岛，击垮人们的是无法预测和难以控制的危机，而在当今，无知绝不是我们开脱的理由。我们有证据也有能力避免危机，我们知道一切照旧将会带来怎样的后果。

1963年，也就是古巴导弹危机后最严峻的冷战期间，约翰·肯尼迪总统曾经指出："在这个星球上，人类是不可分割的，具有共同的脆弱性，这是我们这个时代不容争辩的事实。"当时，笼罩全世界的是核屠杀的魔影，40年过后，笼罩着我们的则是气候变化危机，这已是不争的事实。

气候变化使人类面临着双重灾难的威胁。①气候变化直接威胁人类发展。世界各国人民都受气候变化的影响，但那些最贫困的人们将首当其冲，受到最直接的危害，资源的匮乏往往使他们束手无策。这一灾难离我们并不遥远。如今，这一灾难已显山露水，它减缓了我们实现千年发展目标的进程，加剧了各国内部以及各国之间的不平等。如果对此置之不理，人类发展将在21世纪跌入倒退的深渊。②气候变化将给未来带来灾难。同冷战期间的核对峙一样，气候变化不仅威胁贫困的人们，也威胁着整个星球，威胁着我们的后代。目前我们所走的是一条不归路，必将导致生态灾难。全球变暖的速度，变暖的准确时间，以及产生怎样的影响目前还不得而知，但是，地球巨大冰盖的瓦解正在加速，海洋正在变暖，雨林系统正在崩溃，其他一些后果业已成为现实。这些危险有可能引发一连串的后果，彻底改变我们星球的人文和自然地理状况。

我们这一代有能力也有责任改变这种后果。直接危险正在向世界上最贫困的国家及其最弱势群体严重倾斜。然而，没有永远风平浪静的港湾。富裕国家及其人民尽管没有直接面对日渐逼近的灾难，但最终也难以避免这些灾难的影响。因此，预先采取措施缓和气候变化，将是全人类（包括发达国家后代）避免未来灾难的基本保障。

气候变化的核心问题，是地球吸收二氧化碳和其他温室气体的能力正在受到严重影响。人类生活已超出了环境的恢复能力，在生态方面，人类已经欠下了后代无力偿还的巨债。

气候变化促使人们以一种全新的视角思考人类的相互依存性。不管何种原因将我们分开，人类共享地球，就同复活节岛的岛民一同分享他们的岛屿一样。连接人类社会的纽带没有国界之分，也不受代与代之间的限制。任何国家，不论大小，都不能无视他人的命运，将今日的行为给未来人造成的后果抛诸脑后。

我们的后代将以我们面对气候变化做出的反应来衡量我们的道德价值。这种反应将成为当今政治领导人如何采取行动信守诺言、消除贫困并建设更包容世界的证据。如果我们的行为使大部分人类更加边缘化，那么就是对国家之间社会公平与公正的蔑视。气候变化还向我们提出一个尖锐的问题——如何看待我们与后代之间的关系？行动是张晴雨表，反映了我们对跨代社会公平与公正的承诺，是后代对我们的行为做出评断的依据。

有些迹象令人鼓舞。几年前，气候变化怀疑论大行其道。气候怀疑论者得到了大型公司的慷慨赞助，他们的理论受到媒体大肆宣扬，某些政府也对他们言听计从，从而误导了公众的理解。今天，每位诚信的环境科学家都认为气候变化已是一项严重的事实，而且气候变化与二氧化碳排放有关。世界各国政府也认为如此。科学上达成一致并非意味着对全球气候变暖原因及后果的争论就此结束：气候变化科学所研究的是可能性，而非必然性，但至少如今的政治辩论是以科学为依据的。

然而，科学证据与政治行动之间存在着很大差距。到目前为止，绝大多数政府都没有达到气候变化减排要求。最近，政府间气候变化专门委员会公布了第四次评估报告。大多数政府都对此有所反应，承认气候变化毋庸置疑，需要采取紧急行动。八国集团连续召开了会议，重申采取具体措施应对气候变化的必要性。它们承认巨轮似乎正朝着冰山航行，这是个不祥的征兆。遗憾的是，它们还没有断然采取措施，为温室气体确定一条新的排放路线。

时间所剩无几，这是不争的事实。气候变化这一挑战必须要在21世纪得到解决。目前尚没有什么技术能够立竿见影。虽然时间跨度很长，但这绝不能成为敷衍和犹豫不决的借口。为找到有效的解决方案，各国政府必须解决全球碳预算中的存量与流量问题。由于排放增加，温室气体存量日益上升。但是，即使我们从明天开始停止排放，温室气体存量的下降速度也十分缓慢。这是因为二氧化碳排放后将长时间停留在大气中，而气候系统的反应却很缓慢。这种系统固有的惰性意味着，要经过很长时间，今天碳减排的效果才能显示出来。

成功减排的机会大门正在关闭。在不造成危险气候变化的前提下，地球吸收二氧化碳的能力是有限的，而我们正在逼近这一限度。我们没有多少时间确保这扇机会之门依然敞开。我们要在这段时间内，向低碳能源系统过渡。这是一个高度不确定的领域。但确定的是，如果仍然像过去一样，那么世界将难逃原本可以避免的"双重灾难"——近期人类发展倒退和后代面临生态灾难的危险。

如同复活节岛遭遇的灾难一样，结果是可以避免的。目前《京都议定书》一期承诺期将于2012年结束，借此机会，我们可以制定多边战略，重新界定全球生态依存关系的管理方式。各国政府在协商议定书时指出，首先应确定21世纪的可持续碳预算，并在承认各国责任"共同但又有差别"的情况下，制定碳预算的实施战略。

要想取得成功，世界上最富裕国家必须发挥带头作用。这些国家的碳足迹是最深的，但同时具备尽快进行大幅度减排的技术和资金能力。但是，有效的多边合作框架要求所有排放大国（包括发展中国家）都要积极参与。

冰　期

冰期：地球表面覆盖有大规模冰川的地质时期，又称为冰川时期。两次冰期之间为一相对温暖时期，称为间冰期。地球历史上曾发生过多次冰期，最近一次是第四纪冰期。

气候变化的影响

气候系统是一个由大气、海洋、冰和陆地构成的复杂系统。气候系统内的各个组成部分均能相互作用。比如海洋表面的温度分布是大气环流的主要驱动力之一，而大气运动产生的风又能驱动海洋的上层环流，大气能够输运水汽，从而影响陆地的植被分布和表面径流状况，而植被的覆盖情况又能反过来影响地表的辐射收支，进而影响大气的温度场分布。

尽管气候系统是如此的复杂，但通过气候学、大气科学、海洋学等各个领域内专家的努力，我们对于导致气候变化的因素已经基本了解。这些因素，按照人类对其的贡献，可以分为2大类：自然因素和人为因素。

（1）自然因素有以下三个：

①首先应该提到的是太阳辐射。太阳是地球气候系统能量的最终来源（忽略地热的作用），其辐射强度的变化对于气候系统有很强的作用。但是由于对于太阳辐射的观测历史较短，人们大多是用历史记录中的黑子大爆发来估计辐射的强弱。太阳辐射的变化曾被用来解释欧洲历史上的小冰河期。

太阳是地球气候系统能量的最终来源

②地球轨道的变化。因为地球公转轨道和自转状态的变化,也能导致接受的太阳辐射多少和分布的变化。并且对应这几个量,古气候的资料也发现了对应的气候周期。相应的理论称之为"米兰科维奇理论"。

③板块运动。地球表面是由很多的板块组成的,而且板块是运动的。板块的运动会改变海陆的分布,从而改变地球表面辐射的分布,大洋环流和大气环流也会发生相应的变化,这些都会引起气候的变化。因为板块运动的速度非常非常慢,这种影响的尺度应该是百万年级的。

(2) 人为因素如下:

①温室气体。温室气体在空气中含量的变化通过温室效应可以导致大气温度发生相应的变化,再通过各种反馈过程,从而引起整个气候系统的变化。主要的温室气体有二氧化碳、二氧化氮、甲烷和氟利昂。

②气溶胶。人类燃烧化石燃料还会排放大量的气溶胶,比如烟尘、硫化物等。气溶胶对于气候的作用主要有2种:直接影响太阳辐射;形成云影响太阳辐射。因为云对于辐射的影响比较复杂,所以对其第二种作用的估计还不是很准确。有报告显示,人类排放的气溶胶对气候的整体作用是降低温度,也就是说,空气污染反而缓解了全球变暖的趋势。如果我们将来把污染治理好了,就相当于又对全球变暖作出"贡献"了。

③地表状况的改变。地表状况的改变会影响到达地表的太阳辐射的反射强度,因此也会对气候有相应的影响。

当这些自然因素或者人为因素发生变化之后,气候系统内部的反馈机制就开始起作用。这些反馈机制主要包括对地球辐射、水蒸气、冰、云和大气

地表状况的改变对气候有影响

海洋环流的作用。这些因素的共同作用就导致了我们看到的气候变化。

气候变化的影响是多尺度、全方位、多层次的,正面和负面影响并存,但它的负面影响更受关注。全球气候变暖对全球许多地区的自然生态系统已

经产生了影响。自然生态系统由于适应能力有限,容易受到严重的甚至不可恢复的破坏。正面临这种危险的系统包括冰川、珊瑚礁岛、红树林、热带雨林、极地和高山生态系统、草原湿地、残余天然草地和海岸带生态系统等。随着气候变化频率和幅度的增加,遭受破坏的自然生态系统在数目上会有所增加,其地理范围也将增加。

气候变化还引起海平面上升,沿海地区遭受洪涝、风暴等自然灾害影响更为严重,小岛屿国家和沿海低洼地带甚至面临被淹没的威胁。气候变化对农、林、牧、渔等经济社会活动都会产生不利影响,加剧疾病传播,威胁社会经济发展和人类的身体健康。据政府间气候变化专门委员会报告,如果温度升高超过 2.5℃,全球所有区域都可能遭受不利影响,发展中国家所受损失尤为严重;如果升温 4℃,则可能对全球生态系统带来不可逆的损害,造成全球经济重大损失。据 2006 年我国发布的《气候变化国家评估报告》,气候变化对我国的影响主要集中在农业、水资源、自然生态系统和海岸带等方面,可能导致农业生产不稳定性增加、南方地区洪涝灾害加重、北方地区水资源供需矛盾加剧、森林和草原等生态系统退化、生物灾害频发、生物多样性锐减、台风和风暴潮频发、沿海地带灾害加剧、有关重大工程建设和运营安全受到影响。

由于生态系统和人类社会已经适应今天以及最近过去的气候,因此,如果这些变化太快使得生态系统和人类社会不能适应的话,人们将很难应付这些变化。对于许多发展中国家,这可能会对基本的人类生活标准(居住、食物、饮水、健康)产生非常有害的影响。对于所有的国家,极端天气、气候事件发生频率的增加将会增大气候灾害的风险。气候变化对我国经济社会的影响有正面的,也有负面的,其中一些变化实际上是不可逆转的,我们更要关注的是负面影响。据统计,1950—2000 年,特别是 1990 年以后气象灾害造成的经济损失急剧增加。原因有 2 个,①极端天气事件的增多,②我国经济总量增加,因此经济损失绝对值大幅上升。

气候变化对国民经济的影响也以负面为主。农业可能是对气候变化反应最为敏感的部门之一。气候变化将使我国未来农业生产的不稳定性增加,产量波动大;农业生产部门布局和结构将出现变动;农业生产条件改变,农业成本和投资大幅度增加。气候变暖将导致地表径流、旱涝灾害频率和一些地区的水质等发生变化，特别是水资源供需矛盾将更为突出。对气候变化敏感的传染性疾病（如疟疾和登革热）的传播范围可能增加；与高温热浪天气有关的疾病和死亡率增加。气候变化将影响人类居住环境，尤其是江河流域和海岸带低地地区以及迅速发展的城镇，最直接的威胁是洪涝和山体滑坡。人类目前所面临的水和能源短缺、垃圾处理和交通等环境问题，也可能因高温多雨而加剧。

由于全球增暖将导致地球气候系统的深刻变化，使人类与生态环境系统之间业已建立起来的相互适应关系受到显著影响和扰动，因此全球变化特别是气候变化问题得到各国政府与公众的极大关注。全球气候变化问题，不仅是科学问题、环境问题，而且是能源问题、经济问题和政治问题。

气候变化对农业的影响是负面的。预计到 2030 年，我国 3 大作物，即稻米、玉米、小麦，除了浇灌冬小麦以外，均以减产为主。气候变化对水资源的影响也很大，全球变暖使水循环的过程速度加快，降水的空间不均匀性增加。气候变化对重大工程也有影响，如长江上游降水量的增加，导致地质灾害的频率会增加，对三峡水库的安全运营会造成一定的影响。另外，气候变化也会影响青藏铁路和公路，大大增加铁路和公路运行维护的投资。

同全球一样，我国的气候与环境已经发生了巨大的变化。气候变暖远远超出一般意义上的气候问题和环境问题，对我国经济社会发展已经带来十分严峻的威胁，这种威胁仍将持续并不断加剧。科技界应当特别关注气候变化问题，积极采取适应和减缓措施，不断提升气候系统、生态、环境保护的层次和水平，这是全面落实科学发展观，建立社会主义和谐社会的重要内容，是政府、公众和科学家的共同愿望。

大气环流

大气环流，一般是指具有世界规模的、大范围的大气运行现象，既包括平均状态，也包括瞬时现象，其水平尺度在数千公里以上，垂直尺度在10km以上，时间尺度在数天以上。某一大范围的地区（如欧亚地区、半球、全球），某一大气层次（如对流层、平流层、中间层、整个大气圈）在一个长时期（如月、季、年、多年）的大气运动的平均状态或某一个时段（如一周、梅雨期间）的大气运动的变化过程，都可以称为大气环流。

气候变化知多少

　　气候变化日益成为人们关注的焦点，但这一问题涉及诸多复杂的科学原理和知识，因为气候系统本身是一个巨大而复杂的系统。我们在关注气候问题时，有必要了解一些科学的常识。

　　气候系统包括5个物理组成部分：大气圈、水圈、冰冻圈、岩石圈和生物圈，5个部分是一个相互联系、相互作用的整体，5个部分都对气候产生影响。了解气候变化，就要先认识这5个部分是如何在气候调节上各司其职的。

　　(1) 大气圈：大气圈也叫大气层，是气候系统中的主角，也是最容易变化的部分。例如，当外界热量输入（主要是太阳辐射）发生变化后，通过各种热量输送和交换过程能在1个月的时间内，调整对流层温度的分布。

　　(2) 水圈：海洋占地球表面面积的71%左右，它能吸收到达地表的大部分太阳辐射能，海水又具有很大的热容量，所以它是气候系统中一个巨大的能量贮存库。洋流通过热量输送，调节全球热量平衡。

　　(3) 岩石圈：岩石圈处在不停的运动中。海底扩张、大陆漂移、山地在隆起，这些变化，都会影响气候。比如，某些地区高原隆升，季风环流就会加强，气候的季节差异就会增大。

　　(4) 冰冻圈：冰雪覆盖层包括大陆冰原、高山冰川、海冰和地面雪被等。冰川和冰原的体积变化与海平面的变化有密切的联系。冰雪具有很大的反射率，在气候系统中，它是一个致冷因素。

　　(5) 生物圈：生物圈指的是陆地上和海洋中的植物以及生存在大气、海洋和陆地的动物。比如，植物可以改变地面反射率和粗糙度，影响水分的蒸发、蒸腾以及地下水循环。动物需要得到适当的食物和栖息地，因而动物群体的变化也反映了气候的改变。

温室原理

太阳辐射主要是短波辐射，地面辐射和大气辐射则为长波辐射。大气对长波辐射的吸收力较强，对短波辐射的吸收力比较弱。

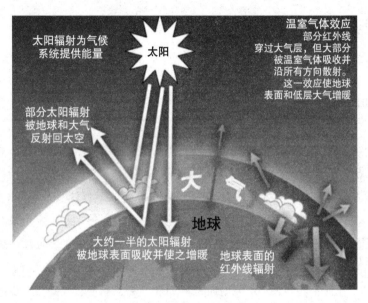

温室效应示意图

白天，太阳光照射到地球时，部分能量被大气吸收，部分被反射回宇宙，大约47%的能量被地球表面吸收。

夜晚，地球表面以红外线的方式向宇宙散发白天吸收的能量，大部分被大气吸收。

结果，大气层就如同覆盖着玻璃的温室一样，可以保存一定的热量，使地球不至于像月球一样，被太阳照射时温度急剧升高，不见日光时温度急剧下降。

那么，该怎样去认识温室效应呢？想象一下，如果没有温室效应，地球将会冷得不适合人类居住。据估计，如果没有大气层，地球表面温度会是 -18℃。正是有了温室效应，才使地球温度维持在15℃。我们所熟知的月球，由于没有大气层，白天在阳光垂直照射的地方温度可达127℃，而夜晚温度却能降到 -183℃。

导致温室效应的一大主因就是温室气体排放。温室气体的增加，加强了温室效应，而二氧化碳是数量最多的温室气体。如今，地表（因燃烧产生的二氧化碳）向外放出的长波热辐，远远超过了过去的水平。另一方面，由于对森林乱砍滥伐，大量农田建成城市和工厂，破坏了植被，减少了将二氧化碳转化为有机物的条件。再加上地表水域逐渐缩小，降水量大大降低，减少了吸收溶解二氧化碳的条件，破坏了二氧化碳生成与转化的动态平衡，使得大气中的二氧化碳含量逐年增加。空气中二氧化碳含量的增长，使得地球气温发生了改变。

冰冻圈的消逝与气候变化

冰冻圈（分为陆地冰冻圈、海洋冰冻圈）是气候系统的重要组成部分，冰冻圈的扩展或萎缩会导致参与局地、区域或全球能水循环的能量和水量减少或增加，并伴随着能水平衡的改变使其与气候、水文、环境和生态等之间产生一系列相互作用过程。

（1）陆地冰冻圈。包括积雪、湖冰、河冰、冰川覆盖、季节冻土、多年冻土。它通过影响地球表面水循环过程，调节气候。比如陆地上的雪冰作为水循环过程中水的储备形式，影响径流（主要在冻土地带）等。

（2）海洋冰冻圈。海冰约占全球海洋表面的10%，影响着海洋与大气之间的物质、能量交换过程。海冰冻结会析出卤水使得海洋表面混合层加厚，反之，海冰融化产生含盐度较小的水体使混合层进一步分层。通过这些过程，海冰在全球热量平衡、全球热盐环流等方面起着重要作用。

雪盖是冰冻圈的最大组成部分，覆盖地球陆地表面的33%的面积。约98%的季节性积雪分布于北半球。

过去100年间，海平面上升了10~26厘米，其中海洋热膨胀引起2~7厘米的上升量，其余主要归因于陆地冰的融化。影响全球海平面变化的诸因子中，最大的不确定因子是南北极冰盖。山地冰川目前多数处于退缩状态，因此也对海平面上升起很大作用。

气候变暖与生物圈变化有什么关系呢？最新研究认为，人为造成的全球气候变暖对世界生命体系影响巨大，表现为七大洲冰河的大量消耗，永久冻结带融化，北半球部分生物向纬度较高的地区迁徙，欧洲、北美和澳洲的鸟类移居别的地域，海洋浮游动物以及鱼群生存海域的改变。在生物生存体系里，90%的变化与气候变暖有着密切的联系。

海平面升高，人类居住环境将受到何种影响

海平面如果升高，将引起海岸滩涂湿地、红树林和珊瑚礁等生态群丧失，海岸侵蚀、海水入侵沿海地下淡水层，沿海土地盐渍化等，从而造成海岸、河口、海湾自然生态环境失衡，给海岸带生态系统带来灾难。

气候变暖，将如何影响生物多样性呢？英国科学家最近公布了一项惊人的研究成果：全球变暖将会导致地球上的动植物大量灭绝。尽管人类可能最终逃过这一劫，但地球上有1/2的物种将会消亡。英国约克大学和利兹大学的科学家对过去5.2亿年气候与生物多样性之间的关系进行了深入研究，研究范围几乎覆盖了所有的化石记录，第一次揭示了气候与生物多样性两者之间的关系。研究发现，当地球的温度处于"温室"气候阶段时，物种的灭绝率相对较高；与之相反，在较冷的"冰室"状况下，生物多样性会增加。

肯尼亚野生动物保护局日前说，受气候变化等因素的影响，如果按目前的趋势发展下去，肯尼亚境内的狮子将在20年后完全消失。报告称，过去几年来，肯尼亚的狮子一直以平均每年100头的速度减少，已从2002年的约2749头减少到2010年的2 000头左右。造成狮子种群规模缩减的原因包括人兽冲突、狮群栖息地的生态遭破坏、气候变化、疾病以及人口增长等。

水　圈

水圈是地球外圈中作用最为活跃的一个圈层，也是一个连续不规则的圈

层。它与大气圈、生物圈和地球内部圈层的相互作用,直接关系到人类活动的表层系统的演化。水圈也是外力地质作用的主要介质,是塑造地球表面形态最重要的角色之一。

解密"圣婴"——厄尔尼诺

"厄尔尼诺"一词来源于西班牙语,原意为"圣婴"。19世纪初,在南美洲的厄瓜多尔、秘鲁等西班牙语系的国家,渔民们发现,每隔几年,从10月至第二年的3月便会出现一股沿海岸南移的暖流,使表层海水温度明显升高。南美洲的太平洋东岸本来盛行的是秘鲁寒流,随着寒流移动的鱼群使秘鲁渔场成为世界4大渔场之一。但这股暖流一出现,性喜冷水的鱼类就会大量死亡,使渔民们遭受灭顶之灾。由于这种现象最严重时往往在圣诞节前后,于是遭受天灾而又无可奈何的渔民将其称为上帝之子——圣婴。后来,在科学上此词语用于表示在秘鲁和厄瓜多尔附近几千千米的东太平洋海面温度的异常增暖现象。当这种现象发生时,大范围的海水温度可比常年高出3℃~6℃。太平洋广大水域的水温升高,改变了传统的赤道洋流和东南信风,导致全球性的气候反常。

厄尔尼诺现象的基本特征是太平洋沿岸的海面水温异常升高,海水水位上涨,并形成一股暖流向南流动。它使原属冷水域的太平洋东部水域变成暖水域,结果引起海啸和暴风骤雨,造成一些地区干旱,而另一些地区又降雨过多的异常气候现象。

探寻厄尔尼诺的规律

厄尔尼诺的全过程分为发生期、发展期、维持期和衰减期,历时一般1年左右,大气的变化滞后于海水温度的变化。

在气象科学高度发达的今天,人们已经了解,太平洋的中央部分是北半球夏季气候变化的主要动力源。通常情况下,太平洋沿南美大陆西侧有一股北上的秘鲁寒流,其中一部分变成赤道海流向西移动。此时,沿赤道附近海

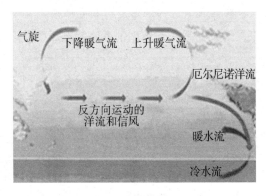

厄尔尼诺现象示意图

域向西吹的季风使暖流向太平洋西侧积聚，而下层冷海水则在东侧涌升，使得太平洋西段菲律宾以南、新几内亚以北的海水温度渐渐升高，这一段海域被称为"赤道暖池"，同纬度东段海温则相对较低。对应这2个海域上空的大气也存在温差，东边的温度低、气压高，冷空气下沉后向西流动；西边的温度高、气压低，热空气上升后转向东流，这样，在太平洋中部形成了一个海平面冷空气向西流，高空热空气向东流的大气环流（沃克环流），这个环流在海平面附近形成了东南信风。但有些时候，这个气压差会低于多年平均值，有时又会增大，这种大气变动现象被称为"南方涛动"。20世纪60年代，气象学家发现厄尔尼诺和南方涛动密切相关，气压差减小时，便出现厄尔尼诺现象。厄尔尼诺发生后，由于暖流的增温，太平洋由东向西流的季风大为减弱，使大气环流发生明显改变。

20世纪60年代以后，随着观测手段的进步和科学技术的发展，人们发现厄尔尼诺现象不仅出现在南美等国沿海，而且遍及东太平洋沿赤道两侧的全部海域以及环太平洋国家；有些年份，甚至印度洋沿岸也会受到厄尔尼诺带来的气候异常的影响，发生一系列自然灾害。总的来看，它使南半球气候更加干热，使北半球气候更加寒冷潮湿。

近年来，科学家对厄尔尼诺现象又提出了一些新的解释，即厄尔尼诺可能与海底地震、海水含盐量的变化以及大气环流变化等有关。

厄尔尼诺现象是周期性出现的，大约每隔2～7年出现一次。自1997年以来，厄尔尼诺现象分别在 1976—1977 年、1982—1983 年、1986—1987 年、1991—1993 年和 1994—1995 年等时段出现过。随着全球变暖，厄尔尼诺现象出现得越来越频繁。

由于科技的发展和世界各国的重视，科学家们对厄尔尼诺现象通过采取一系列预报模型、海洋观测和卫星侦察，海洋大气偶合等科研活动，深化了对这种气候异常现象的认识。①厄尔尼诺现象出现的物理过程是海洋和大气相互作用的结果，即海洋温度的变化与大气相关联。所以在 20 世纪 80 年代

厄尔尼诺现象导致的灾害

后，科学家们把厄尔尼诺现象称之为"安索"现象。②热带海洋的增温不仅发生在南美智利海域，而且也发生在东太平洋和西太平洋。它无论发生在哪里，都会迅速导致全球气候的明显异常。它是气候变异的最强信号，会导致全球许多地区出现严重的干旱和水灾等自然灾害。

一般认为，海温连续 3 个月正距平在 0.5℃以上，即可认为是一次厄尔尼诺事件。气象学家的研究普遍认为，厄尔尼诺事件的发生对全球不少地区的气候灾害有预兆意义，所以对它的监测已成为气候监测中一项重要的内容。

厄尔尼诺带来的灾害

据历史记载，自 1950 年以来，世界上共发生 13 次厄尔尼诺现象。其中 1997 年发生的那一次最为严重。主要表现在：从北半球到南半球，从非洲到拉美，气候变得古怪而不可思议，该凉爽的地方骄阳似火，温暖如春的季节突然下起大雪，雨季到来却迟迟滴雨不下，正值旱季却洪水泛滥。

从 1997 年 3 月起，热带中、东太平洋海面出现异常增温，至 7 月，海面温度已超过以往任何时候，由此引起的气候变化在一些地区显露出来。多种迹象表明，赤道东太平洋的冷水期已经结束，开始向暖水期转换。科学家们

变幻莫测的气候

由此认为,新一轮厄尔尼诺现象开始形成,并持续到1998年。也正是从这一刻起,地球上的气候开始乱了套。

干旱——厄尔尼诺的"杰作"

厄尔尼诺现象发生时,由于海温的异常增高,导致海洋上空大气层气温升高,破坏了大气环流原来正常的热量、水汽等分布的动态平衡。这一海气变化往往伴随着出现全球范围的灾害性天气:该冷不冷,该热不热,该天晴的地方洪涝成灾,该下雨的地方却烈日炎炎、焦土遍地。一般来说,当厄尔尼诺现象出现时,赤道太平洋中东部地区降雨量会大大增加,造成洪涝灾害,而澳大利亚和印度尼西亚等太平洋西部地区则干旱无雨。据不完全统计,20世纪出现的厄尔尼诺现象有17次(包括最新一轮1997—1998年的厄尔尼诺现象)。发生的季节并不固定,持续时间短的为半年,长的一两年。强度也不一样,1982—1983年那次较强,持续时间长达2年之久,使得灾害频发,造成大约1 500人死亡和至少100亿美元的财产损失。

1982—1983年,通常干旱的赤道东太平洋降水大增,南美西部夏季出现反常暴雨,厄瓜多尔、秘鲁、智利、巴拉圭、阿根廷东北部遭受洪水袭击,厄瓜多尔的降水比正常年份多15倍,洪水冲决堤坝,淹没农田,几十万人无家可归。在美国西海岸,加州沿海公路被淹没,内华达等5个州的洪水和泥石流巨浪高达9米。在太平洋西侧,澳大利亚由于干旱引起灌木林大火,造成多人死亡;印度尼西亚的东加里曼丹发生森林大火,并殃及马来西亚和新加坡;大火产生的烟雾使马来西亚空运中断,3个州被迫实行定量供水,新加坡的炎热是35年来最严重的。据统计,本次厄尔尼诺事件在世界范围造成的经济损失约为200亿美元,范围可达整个热带太平洋东部至中部。

我国1998年夏季长江流域的特大暴雨洪涝就与1997—1998年厄尔尼诺现

象密切相关。当年厄尔尼诺强大的影响力一直从1997年上半年续待至1998年上半年。1998年全球年平均气温达到14.5℃，创下有现代气象记载以来的最高纪录；而我国那年也遭遇了历史罕见的特大洪水，那一年被称为20世纪最强烈的厄尔尼诺现象。

根据对近100年来太阳活动变化规律与厄尔尼诺现象关系的研究，科学家发现太阳黑子减少期到谷值期是厄尔尼诺现象的多发期，并有2~3次厄尔尼诺现象发生。

科学家们把那些季节升温十分激烈，大范围月平均海温高出常年1℃以后的年份才称为厄尔尼诺年。

厄尔尼诺的成因

至于厄尔尼诺形成原因，则是当代科学之谜。大多科学家认为不外乎2大方面：①自然因素。赤道信风、地球自转、地热运动等都可能与其有关。②人为因素。即人类活动加剧气候变暖，也是赤道暖事件剧增的可能原因之一。

在探索厄尔尼诺现象形成机理的过程中，科学家们发现了这样的巧合：20世纪20年代到50年代，是火山活动的低潮期，也是世界大洋厄尔尼诺现象次数较少、强度较弱的时期；20世纪50年代以后，世界各地的火山活动进入了活跃期，与此同时，大洋上厄尔尼诺现象次数也相应增多，而且表现十分强烈。根据近100年的资料统计，75%左右的厄尔尼诺现象是在强火山爆发后1.5~2年间发生的。这种现象引起了科学家的特别关注，有科学家就提出，是海底火山爆发造成了厄尔尼诺暖流。

近年来更多的研究发现，厄尔尼诺事件的发生与地球自转速度变化有关，自20世纪50年代以来，地球自转速度破坏了过去10年尺度的平均加速度分布，一反常态呈4~5年的波动变化，一些较强的厄尔尼诺年平均发生在地球自转速度发生重大转折年里，特别是自转变慢的年份。地转速率短期变化与赤道东太平洋海温变化呈反相关，即地转速率短期加速时，赤道东太平洋海温降低；反之，地转速率短期减慢时，赤道东太平洋海温升高。这表明，地球自转减慢可能是形成厄尔尼诺现象的主要原因。

当地球自西向东旋转加速时，赤道带附近自东向西流动的洋流和信风加强,把太平洋洋面暖水吹向西太平洋,东太平洋深层冷水势必上翻补充,海面温度自然下降而形成拉尼娜现象。当地球自转减速时,"刹车效应"使赤道带大气和海水获得一个向东惯性力,赤道洋流和信风减弱,西太平洋暖水向东流动,东太平洋冷水上翻受阻,因暖水堆积而发生海水增温、海面抬高的厄尔尼诺现象。

近些年来,厄尔尼诺现象的发生有加快、加剧的趋势。是谁在助长"圣婴"作恶?

人们已经认识到,除了地震和火山爆发等人类无法阻止的纯粹自然灾害之外,许多灾害的发生同人类的活动有密切的关系。"天灾八九是人祸"这个道理已被越来越多的人所认识。那么肆虐全球的厄尔尼诺现象是否也受到人类活动的影响呢?近些年厄尔尼诺现象频频发生、程度加剧,是否也同人类生存环境的日益恶化有一定关系?有科学家从厄尔尼诺发生的周期逐渐缩短这一点推断,厄尔尼诺的猖獗同地球温室效应加剧引起的全球变暖有关,是人类用自己的双手,助长了"圣婴"作恶。当然,要证明全球变暖对厄尔尼诺现象是否起了作用还需大量科学佐证。但厄尔尼诺现象频繁发生的结果,也可能产生一个更温暖的世界,这样,是厄尔尼诺现象引起全球变暖,还是全球变暖加快厄尔尼诺现象的发生,就陷入了一个先有鸡还是先有蛋的怪圈。

人类最终彻底走出"厄尔尼诺"怪圈,也许就取决于人类自己对自然的态度。1998年2月3~5日,来自世界各国的100多名气象专家聚集曼谷,研讨对付"厄尔尼诺"的良策。科学家们认为,在预测厄尔尼诺现象方面,人类已取得了长足的进步,不少因"厄尔尼诺"造成的灾害得到了较为准确和及时的预测,使人类能够未雨绸缪。

暖 流

暖流:水温高于周围海水的海流。通常自低纬流向高纬,水温沿途逐渐降低,对沿途气候有增温、增湿作用。

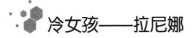 冷女孩——拉尼娜

拉尼娜是指赤道太平洋东部和中部海面温度持续异常偏冷的现象（与厄尔尼诺现象正好相反），是气象和海洋界使用的一个新名词，意为"小女孩"，正好与意为"圣婴"的厄尔尼诺相反，也称为"反厄尔尼诺"或"冷事件"。

拉尼娜现象就是太平洋中东部海水异常变冷的情况。东太平洋信风将表面被太阳晒热的海水吹向太平洋西部，致使西部比东部海平面增高将近60厘米，西部海水温度增高，气压下降，潮湿空气积累形成台风和热带风暴，东部底层海水上翻，致使东太平洋海水变冷。

太平洋上空的大气环流叫做沃尔克环流。当沃尔克环流变弱时，海水吹不到西部，太平洋东部海水变暖，就是厄尔尼诺现象；但当沃尔克环流变得异常强烈，就产生拉尼娜现象。一般拉尼娜现象会随着厄尔尼诺现象而来，出现厄尔尼诺现象的第二年都会出现拉尼娜现象，有时拉尼娜现象会持续两三年。1988—1989年、1998—2001年都发生了强烈的拉尼娜现象，1995—1996年发生的拉尼娜现象较弱。有的科学家认为，由于全球变暖的趋势，拉尼娜现象有减弱的趋势。

厄尔尼诺和拉尼娜是赤道中、东太平洋海温冷暖交替变化的异常表现，这种海温的冷暖变化过程构成一种循环，在厄尔尼诺之后接着发生拉尼娜并非稀罕之事。同样，拉尼娜后也会接着发生厄尔尼诺。但从1950年以来的纪录来看，厄尔尼诺发生频率要高于拉尼娜。拉尼娜现象在当前全球气候变暖背景下频率趋缓，强度趋于变弱。特别是在20世纪90年代，1991—1995年曾连续发生了3次厄尔尼诺，但中间没有发生拉尼娜。

拉尼娜常发生于厄尔尼诺之后，但也不是每次都这样。厄尔尼诺与拉尼娜相互转变需要大约4年的时间。

"拉尼娜"是一种厄尔尼诺年之后的矫正过度现象。这种水文特征将使太平洋东部水温下降，出现干旱，与此相反的是西部水温上升，降水量比正常年份明显偏多。科学家认为："拉尼娜"这种水文现象对世界气候不会产生重

大影响，但将会给广东、福建、浙江乃至整个东南沿海带来较多并持续一定时期的降雨。

2008年，持续了1年多的"厄尔尼诺"现象迅速消失后，"拉尼娜"随即登场了。

那么，拉尼娜究竟是怎样形成的？厄尔尼诺与赤道中、东太平洋海温的增暖、信风的减弱相联系，而拉尼娜却与赤道中、东太平洋海温度变冷、信风的增强相关联。因此，实际上拉尼娜是热带海洋和大气共同作用的产物。信风，是指低纬度大气中从热带地区刮向赤道地区的盛行风，在北半球被称为"东北信风"，在南半球被称为"东南信风"。很久很久以前，住在南美洲的西班牙人，曾利用这恒定的偏东风航行到东南亚开展商务活动。因此，信风又名贸易风。

海洋表层的运动主要受海表面风的牵制。信风的存在使得大量暖水被吹送到赤道西太平洋地区，在赤道东太平洋地区暖水被刮走，主要靠海面以下的冷水进行补充，赤道东太平洋海温比西太平洋明显偏低。当信风加强时，赤道东太平洋深层海水上翻现象更加剧烈，导致海表温度异常偏低，使得气流在赤道太平洋东部下沉，而气流在西部的上升运动更为加剧，有利于信风加强，这进一步加剧赤道东太平洋冷水发展，引发了的拉尼娜现象。

拉尼娜同样对气候有影响。拉尼娜与厄尔尼诺性格相反，随着厄尔尼诺的消失，拉尼娜的到来，全球许多地区的天气与气象灾害也将发生转变。总体说来，拉尼娜并非性情十分温和，它也可能给全球许多地区带来灾害，但其强度和影响程度不如厄尔尼诺。

2007年上半年我国气候呈现出多样化趋势，气候专家经过研究分析，初步认为拉尼娜现象是影响我国上半年气候的主要原因。

国家气候中心研究专家认为，在拉尼娜现象影响下，赤道东太平洋水温偏低，东亚经向环流异常，造成入春以来我国北方地区偏北气流盛行，而东南暖湿气流相对较弱。于是，北方强寒潮大风频繁出现，而降雨量却持续偏少，气温也居高不下。

谈到沙尘暴出现的原因，专家认为，沙尘暴的形成及其规模取决于环境、气候两大因素,从环境上讲,日益严重的荒漠化问题不容忽视。但"无风不起浪",从气候上讲,北方地区如果气温回升较快,偏高幅度达2℃~3℃,造成土壤解冻时间提前,干土层大量出现。这时,雨季尚未来临,在拉尼娜现象影响下,北方地区连续出现大风天气,土借风势,沙尘暴随即形成。

北方高温少雨也是人们的一个热门话题,2007年3—5月,全国平均气温创下1961年以来的同期最高,特别是北方地区气温持续偏高。从2月开始,长江以北大部地区降水持续偏少,连续4个月总降水量不足100毫米,华北、西北地区不足50毫米,较常年同期偏少五成以上,特别是2—4月,北方地区平均降水量仅23毫

沙尘暴的形成也有拉尼娜的因素

米,为新中国成立以来最少。高温再加上少雨,使北方地区土壤墒情快速下降,形成了20世纪90年代以来最严重的春旱。

据统计,近些年来,除1998年外,其他年份2—4月北方降水量一直在多年平均值以下,北方地区降水持续偏少,土壤底层墒情已经很差。这时,在拉尼娜现象影响下,我国北方地区偏北气流盛行,而东南暖湿气流相对较弱,再加上冷暖空气配合不利,此消彼长,一直没能在北方地区形成理想的降雨条件,由此出现了持续少雨干旱的天气。

专家在谈到我国整体气候特征和发展趋势时说,从近年来全球气候的走势看,普遍表现出多样化趋势,这主要是在全球气候变暖的大背景下,厄尔尼诺和拉尼娜现象交替作用的结果。在这种环境中,我国不可能成为风平浪静的"世外桃源"。国家气象部门正密切关注今后的大气气候变化,及时预报,尽可能减少灾害性气候带来的损失。

信 风

信风：又称贸易风，指的是在低空从副热带高压带吹向赤道低气压带的盛行风。

在赤道两边的低层大气中，北半球吹东北风，南半球吹东南风，这种风的方向很少改变，它们年年如此，稳定出现，很讲信用，故而称之为"信风"。

气候乱象

气候乱象在亚洲

西伯利亚——永久冻结带开始融化

（1）西伯利亚——永久冻结带开始融化。

在诺里尔斯克（西伯利亚西北部城市）和雅库茨克，300多座房屋因为冻土融化而倒塌。

（2）贝加尔湖——冻结时间缩短。

相比1个世纪前，贝加尔湖的冻结期迟到了11天，而春天的到来提前了5天。在25年的时间里，俄罗斯的某些地区温度上升了1.4℃。

（3）蒙古——经历了1000年中最热的时期。

根据蒙古地区人迹罕至的森林中的树的年轮所"记录"的信息，20世纪时，该地区经历了最近1000年来最热的时期。

（4）中国天山——1/4冰雪已融化。

受全球气候变暖等因素的影响,"一号冰川"每年退缩8米左右。在过去40多年中,1/4的天山冰雪已融化。

(5)中国青海——2 000多个湖泊消失。

青海省的4 000多个湖泊中,1/2以上都已干涸消失。面对因饥饿而导致死亡的大量羔羊,人们束手无策。

气候乱象在欧洲

(1)格陵兰——冰盖面临崩溃。

全球气候变暖使得格陵兰冰盖的融化比任何人预想的都要快。一项对该地区巨大冰层的研究警告,海平面因此比预期的要上升得快得多。

(2)北冰洋——冰层面积缩小。

2006年夏天,温室效应导致的全球变暖,促使北极圈冰层面积大幅缩减。

格陵兰——冰盖面临崩溃

科学家警告,按此趋势发展下去,北冰洋在若干年内就会出现冰雪在夏季完全消融的景象。

(3)芬兰——春天早来到。

相比1个世纪前,芬兰的春天到来早了4~12天。

(4)挪威——全球变暖造福三文鱼。

2005年,科学家们称,全球变暖带来的更充沛的降雨有利于挪威河中三文鱼(又称鲑鱼或大马哈鱼)的生长,因为雨水可以冲淡欧洲其他地区飘来的工业酸雨。

挪威——全球变暖造福三文鱼

(5)英国科学家警告——全球4亿

多人将处于饥饿的威胁。

2006年4月,英国科学家警告说:当前的全球气候变暖现象将会导致气温升高,将造成全球4亿多人处于饥饿的威胁中。2006年11月4日,2.5万名英国民众涌上伦敦街头示威游行,要求各国领导人采取措施遏制全球变暖,并敦促英国政府首先做出表率。

(6) 德国——北海湾水温升高。

2006年8月,德国媒体报道,德国北海湾水温近年来持续上升,是全球变暖的又一例证。

(7) 奥地利——工人们铺开反光地毯。

在奥地利的皮茨冰川,工人们铺开反光地毯,以保护冰川不被融化。该国兴盛的滑雪产业,也因全球气候变暖受到影响。

(8) 西班牙——全球变暖威胁葡萄园。

全球变暖正在危害西班牙南部的葡萄园,价值20亿欧元的葡萄酒产业受到威胁,葡萄种植者被迫迁往气候凉爽的比利牛斯山。

气候乱象在美洲

(1) 阿拉斯加——北极熊无处觅食吃同类。

受到全球变暖的影响,无冰季节延长,北极熊因为无法获得食物,只好把眼光投向自己的伙伴,开始食用同类。

(2) 加拿大——全球变暖是"严峻挑战"。

2007年2月8日,加拿大联邦政府总理哈珀承认,全球变暖是加拿大面临的一个"严峻挑战"。他承诺,将制订实用有效的环保计划,实现减排温室气体的目标。

(3) 纽约——全球变暖威胁纽约。

2006年12月出版的一份科学报告称,全球变暖已经成为威胁纽约州的首要环境问题。报告援引数据显示,纽约地区的气温在不断升高,并预测这一气候变化将随着机动车和电厂排放的增加而愈演愈烈。

(4) 墨西哥——至少21个物种濒临灭绝。

墨西哥是全球5个拥有最多物种的国家之一。据墨西哥媒体报道,由于栖息地的减少或过度猎捕,墨西哥至少21个物种濒临灭绝,其中包括虎纹钝口螈等珍稀品种。

(5)夏威夷群岛——灭顶之灾。

据《国家地理新闻报》报道:科学家们称,夏威夷群岛西北方的许多岛屿到2100年可能会因为全球变暖而被淹没。

(6)加利福尼亚——水火相容。

许多科学家在公开发表的作品中报道说,今后20年里,加利福尼亚会感觉到越来越热。全球变暖将主要通过火灾与洪灾影响加利福尼亚。

气候乱象的罪魁祸首是谁

(1)大气污染。我们呼吸的空气是被污染的。工厂和汽车的排烟是罪魁祸首。随着发展中国家工业的迅速发展,人口增加、汽车增多,大气污染成了深刻的问题。大气污染不仅有害于我们的健康,也是全球变暖的原因之一。

(2)二氧化碳。二氧化碳是有害物质,也是导致全球变暖的原因之一。为了减少因全球变暖而引起的灾害,必须控制二氧化碳的排出量。日本、美国、俄罗斯、中国是世界二氧化碳排出大国。

(3)氟利昂。氟利昂是地球变暖的罪魁祸首,它的温室效应效果是二氧化碳的数千倍。在被发现会破坏臭氧层前,氟利昂在世界上用于冷却目的,被广泛应用于汽车及室内冷藏、冰箱、电器的冷却等方面。当上述产品在使用和被废弃时,氟利昂也随之大量释放。

(4)森林植被破坏。森林承担着许多重要任务。它吸收二氧化碳生产氧气,给生物提供生存环境等。森林的作用有很多,破坏森林会造成水土流失、洪水等自然灾害,加速全球变暖。现在每隔1小时,就有3平方千米的亚马孙森林消失。

气象灾害

近年来,世界各国出现了几百年来历史上最热的天气,厄尔尼诺现象也频繁发生,给各国造成了巨大经济损失。发展中国家抗灾能力弱,受害最为严重,发达国家也未能幸免于难,1995年芝加哥的热浪引起500多人死亡,1993年美国一场飓风造成400亿美元的损失。

不同的气候背景下,我们生存的自然环境也会截然不同。异常的天气变化会导致水旱、冰雹、寒潮等等气象灾害,使人类生产蒙受巨大损失,有时还会引起社会动荡不安。这在古时候尤其明显。明末陕西连年干旱,赤地千里,饥民走投无路,揭竿而起,加速了明王朝的崩溃。近年非洲一些地方由于长期干旱,庄稼颗粒无收,饿殍载道,成为世界瞩目的难题。

除了大尺度的气象灾害,小范围的恶劣的天气一样给我们的生活和工作带来许多不便,比方说暴雨、积雪能阻断交通运输、邮电通讯;浓雾、暴风等使飞机不能正常翱翔,甚至美国"挑战者"号航天飞机在空中爆炸,在一定程度上也是由于当时气温太低造成的。

气候异常的影响

气候异常可以对人类生活和生产造成不同的灾害。如对多数农作物来说,气温40℃以上,可能造成热害,0℃以下可能造成冻害。同一天气现象,对某生产部门可能是利,对另一生产部门则可能是害。如积雪对越冬小麦有利,但有时又使牛、羊吃草困难,可能引起畜牧业的"白灾"。气候反常是否成灾和成灾程度,取决于工程设施、科技水平等人为因素。如在农业生产中,良好的排灌设施可免受或减轻旱涝灾害。合理利用气候资源,可避免或减轻气候反常的危害。

20世纪发生许多重大气候事件。从20世纪60年代后半期开始,非洲撒哈拉以南地区的连年大旱,多次厄尔尼诺引起的严重旱涝灾害,都造成严重损失,引起世人关注。1931年、1954年和1998年我国长江流域发生过3次世纪级的特大洪涝,而北方则从1965年起几乎是连年干旱。全球增温成为最突出的气候变化问题。1979年和1990年2次世界气候大会就是以这个问题为主题而召开的。政府间气候变化专门委员会就是为研究全球增温而建立的国际科研协作组织。

有关人员将经济损失超过50亿美元和人员死亡超过10万作为大灾的标准,得出20世纪的前50年有大灾16次,后50年有大灾30次,大灾次数明显上升。在大灾中,干旱16次,洪涝10次,飓风7次,地震9次,冻害2次,森林火灾2次。在这46次大灾的地区分布是:中国15次,美国8次,印度4次,日本与孟加拉国各3次,埃塞俄比亚与印尼各2次,其他11个国家各1次。美国的灾害主要造成大量经济损失(如昂贵的技术设施的损失等),而许多发展中国家则主要在人员损失上达到大灾的标准。

这些灾害引起的经济损失可从保险业的统计中得出。据世界最大的保险公司之一的慕尼黑RE公司的资料统计,1966—1970年到1991—1995年,自然灾害引起的直接经济损失(按1992年价格核效)全球增加了约43倍。这个惊人的数字固然说明了世界经济发展的影响,但也说明自然灾害已成为不可忽视的问题。

我国是一个灾害严重的国家,100年来发生的大灾多达15次,接近世界大灾的1/3,已远超过我国在世界中的陆地面积与人口的百分比。在这15次大灾中,前50年为11次,后50年为4次,呈现下降趋势,正好与世界的趋势相反。这说明了我国自新中国建立后做了大量防灾减灾抗灾工作,如兴修水利、抗旱抢收等,发挥了显著的效果。

土地荒漠化

简单地说,土地荒漠化就是指土地退化。1992年联合国环境与发展大会对荒漠化的概念作了这样的定义:"荒漠化"是由于气候变化和人类不合理的经济活动等因素,使干旱、半干旱和具有干旱灾害的半湿润地区的土地发生了退化。

荒漠化的土地

2008年6月17日是第14个"世界防治荒漠化和干旱日"。这次"世界防治荒漠化和干旱日"的主题是"防治土地退化以促进可持续农业"。

半个多世纪以来,由于人类过度耕种放牧和滥伐森林,植被遭到破坏,水土流失严重,从而加剧了荒漠化对人类的威胁。

荒漠化现象的加剧引起国际社会广泛关注。1975年,联合国大会通过决议,呼吁全世界与荒漠化作斗争。1977年,联合国在肯尼亚首都内罗毕召开世界荒漠化问题会议,提出了全球防治荒漠化的行动纲领。第49届联合国大会根据联大第二委员会(经济和财政委员会)的建议,决定从1995年起把每年的6月17日定为"世界防治荒漠化和干旱日",旨在进一步提高世界各国对防治荒漠化重要性的认识,唤起人们防治荒漠化的责任心和紧迫感。

近年来,许多国家逐渐意识到土地荒漠化的严重后果。不少国家将防治土地荒漠化、保护生态环境作为国家可持续发展的重要内容,根据国情制定并实施了防治荒漠化的具体计划,并取得了一定的成果。但全球荒漠化现象依然很严重,荒漠化治理还需各国坚持不懈的努力。

联合国在此次"世界防治荒漠化和干旱日"的宣传中,重点提醒人们关注荒漠化对农业的影响，号召人们积极投身于治理荒漠化和防治土地退化，以保证农业的可持续发展。

狭义的荒漠化（即沙漠化）乃是指在脆弱的生态系统下，由于人为过度的经济活动，破坏其平衡，使原非沙漠的地区出现了类似沙漠景观的环境变化过程。正因为如此，凡是具有发生沙漠化过程的土地都称之为沙漠化土地。沙漠化土地还包括了沙漠边缘风力作用下沙丘前移入侵的地方和原来的固定、半固定沙丘由于植被破坏发生流沙活动的沙丘活化地区。

广义荒漠化则是指由于人为和自然因素的综合作用，使得干旱、半干旱甚至半湿润地区自然环境退化（包括盐渍化、草场退化、水土流失、土壤沙化、狭义沙漠化、植被荒漠化、历史时期沙丘前移入侵等以某一环境因素为标志的具体的自然环境退化）的总过程。

从世界范围来看，在1994年通过的《联合国关于在发生严重干旱和/或荒漠化的国家（特别是在非洲）防治荒漠化的公约》中，荒漠化是指包括气候变异和人类活动在内的种种因素造成的干旱、半干旱和亚湿润干旱地区的土地退化。

该定义明确了3个问题：

（1）"荒漠化"是在包括气候变异和人类活动在内的多种因素的作用下产生和发展的；

（2）"荒漠化"发生在干旱、半干旱及亚湿润干旱区（指年降水量与可能蒸散量之比在 0.05～0.65 之间的地区，但不包括极区和副极区），这就给出了荒漠化产生的背景条件和分布范围；

（3）"荒漠化"是发生在干旱、半干旱及亚湿润干旱区的土地退化，将荒漠化置于宽广的全球土地退化的框架内，从而界定了其区域范围。

20世纪60年代末和70年代初，非洲西部撒哈拉地区连年严重干旱，造成空前灾难，使国际社会密切关注全球干旱地区的土地退化，"荒漠化"名词于是开始流传开来。1992年6月世界环境和发展会议上，已把防治荒漠化列为国际社会优先发展和采取行动的领域，并于1993年开始了《联合国在关于发生严重干旱或荒漠化国家（特别是非洲）防治荒漠化的公约》的政府间谈判。1994年6月17日公约文本正式通过。1994年12月联合国大会通过决议，从 1995 年起，把每年的 6 月 17 日定为"全球防治荒漠化和干旱日"，向群众进行宣传。我国是《公约》的缔约国之一。

我国荒漠化形势十分严峻。根据 1998 年国家林业局防治荒漠化办公室等政府部门发表的材料，我国是世界上荒漠化严重的国家之一。根据全国沙漠、戈壁和沙化土地普查及荒漠化调研结果表明，我国荒漠化土地面积为 262.2 万平方千米，占国土面积的 27.4%，近 4 亿人口受到荒漠化的影响。据中、美、加国际合作项目研究，中国每年因荒漠化造成的直接经济损失约为 541 亿人民币。

我国荒漠化土地中，以大风造成的风蚀荒漠化面积最大，占了 160.7 万平方千米。据统计，20 世纪 70 年代以来，仅土地沙化面积每年就增加 2 460 平方千米。

土地的沙化给大风起沙制造了物质资源。因此，我国北方地区沙尘暴（强沙尘暴俗称"黑风"，因为进入沙尘暴之中常伸手不见五指）发生越来越频繁，且强度大，范围广。

根据对我国 17 个典型沙区，同一地点不同时期的陆地卫星影像资料的分析，也证明了我国荒漠化发展形势十分严峻。毛乌素沙地地处内蒙古、陕西、宁夏交界，面积约 4 万平方千米，40 年间流沙面积增加了 47%，林地面积减少了 76.4%，草地面积减少了 17%。浑善达克沙地南部由于过度放牧和砍柴，短短 9 年间流沙面积增加了 98.3%，草地面积减少了 28.6%。此外，甘肃民勤绿洲的萎缩，新疆塔里木河下游胡杨林和红柳林的消亡，甘肃阿拉善地区草场退化、梭梭林消失……一系列严峻的事实，都向我们敲响了警钟。

沙　丘

沙丘：小山、沙堆、沙埂或由风的作用形成的其他松散物质叫沙丘。沙丘的存在是风吹移未固结的物质所致。

沙丘通常与风吹沙占据大片面积的沙漠地区有关。

气象灾害

肆虐的旱灾

旱灾指因气候严酷或不正常的干旱而形成的气象灾害。一般指因土壤水分不足，农作物水分平衡遭到破坏而减产或歉收从而带来粮食问题，甚至引发饥荒。同时，旱灾亦可令人类及动物因缺乏足够的饮用水而死亡。

此外，旱灾后则容易发生蝗灾，进而引发更严重的饥荒，导致社会动荡。

旱灾

旱灾起因

土壤水分不足，不能满足牧草等农作物生长的需要，造成较大的减产或绝产的灾害。旱灾是普遍性的自然灾害，不仅农业受灾，严重的还影响到工业生产、城市供水和生态环境。中国通常将农作物生长期内因缺水而影响正常生长称为受旱，受旱减产三成以上称为成灾。经常发生旱灾的地区称为易旱地区。

易旱的地区有哪些

旱灾的形成主要取决于气候。通常将年降水量少于 250 毫米的地区称为干旱地区，年降水量为 250～500 毫米的地区称为半干旱地区。世界上干旱地区约占全球陆地面积的 25%，大部分集中在非洲撒哈拉沙漠边缘、中东和西亚、北美西部、澳洲的大部和中国的西北部。这些地区常年降雨量稀少而且蒸发量大，农业灌溉主要依靠山区融雪或者上游地区来水，如果融雪量或来水量减少，就会造成干旱。世界上半干旱地区约占全球陆地面积的30%，包括非洲北部一些地区、欧洲南部、西南亚、北美中部以及中国北方等。这些地区降雨较少，而且分布不均，因而极易造成季节性干旱，或者常年干旱甚至连续干旱。

中国大部属于亚洲季风气候区，降水量受海陆分布、地形等因素影响，在区域间、季节间和多年间分布很不均衡，因此旱灾发生的时期和程度有明显的地区分布特点。秦岭—淮河以北地区春旱突出，有"十年九春旱"之说。黄淮海地区经常出现春夏连旱，甚至春夏秋连旱，是全国受旱面积最大的区域。长江中下游地区主要是伏旱和伏秋连旱，有的年份虽在梅雨季节，还会因梅雨期缩短或少雨而形成干旱。西北大部分地区、东北地区西部常年受旱。西南地区春夏旱对农业生产影响较大，四川东部则经常出现伏秋旱。华南地区旱灾也时有发生。

严重的旱灾

旱灾在世界范围内有普遍性波及范围最广、影响最为严重的一次旱灾，是20世纪60年代末期在非洲撒哈拉沙漠周围一些国家发生的大旱。20世纪80年代初期，遍及34个国家，近1亿人口遭受饥饿的威胁。

中国旱灾频繁，旱灾记载见于历代史书、地方志、宫廷档案、碑文、刻记以及其他文物史料中。公元前206年—1949年，中国曾发生旱灾1 056次。16—19世纪，受旱范围在200个县以上的大旱，发生于1640年、1671年、1679年、1721年、1785年、1835年、1856年及1877年。1640年（明崇祯十三年）在不同地区先后持续受旱4～6年，旱区"树皮食尽，人相食"；1785年（清乾隆五十年）有13个省受旱，据记载，"草根树皮，搜食殆尽，流民载道，饿殍盈野，死者枕藉"；1835年（清道光十五年）15个省受旱，有"啃草啮土，饿殍载道，民食观音粉，死徒甚多"的记述。20世纪以来，1920年陕、豫、冀、鲁、晋5省大旱，灾民2 000万人，死亡50万人；1928年华北、西北、西南等13个省535个县遭旱灾；1942—1943年大旱，仅河南一省饿死、病死者即达数百万人。

1950—1986年全国平均每年受旱面积3亿亩，成灾1.1亿亩。干旱严重的1959—1961年、1972年、1978年和1986年全国受旱面积都超过4.5亿亩，且成灾面积超过1.5亿亩。1972年北方大范围少雨，春夏连旱，灾情严重，南方部分地区伏旱严重，全国受旱面积4.6亿亩，成灾2亿亩。1978年全国受旱范围广、持续时间长，旱情严重，一些省份1—10月的降水量比常年少30%~70%，长江中下游地区的伏旱最为严重，全国受旱面积6亿亩，成灾面积2.7亿亩，是有统计资料以来的最高值。

无情的洪涝

什么是涝灾？洪灾就是由于本地降水过多，地面径流不能及时排除，农田积水超过作物耐淹能力，造成农业减产的灾害。造成农作物减产的原因是，积水深度过大，时间过长，使土壤中的空气相继排出，造成作物根部氧气不足，根系呼吸困难，并产生乙醇等有毒有害物质，从而影响作物生长，甚至造成作物死亡。

涝灾的分类

洪涝灾害可分为洪水、涝害、湿害。

（1）洪水：大雨、暴雨引起山洪暴发、河水泛滥、淹没农田、毁坏农业设施等。

（2）涝害：雨水过多或过于集中或返浆水过多造成农田积水成灾。

（3）湿害：洪水、涝害过后排水不良，使土壤水分长期处于饱和状态，作物根系缺氧而成灾。

洪涝灾害主要发生在长江、黄河、淮河、海河的中下游地区。四季都可能发生。

春涝，主要发生在华南、长江中下游、沿海地区。

夏涝，是我国的主要涝害，主要发生在长江流域、东南沿海、黄淮平原。

秋涝，多为台风雨造成，主要发生在东南沿海和华南。

洪涝的成因

洪涝灾害具有双重属性，既有自然属性，又有社会经济经济属性。它的形成必须具备2方面条件：①自然条件。洪水是形成洪水灾害的直接原因。只有当洪水自然变异强度达到一定标准，才可能出现灾害。主要影响因素有地理位置、气候条件和地形地势。②社会经济条件。只有当洪水发生在有人类活动的地方才能成灾。受洪水威胁最大的地区往往是江河中下游地区，而中下游地区因其水源丰富、土地平坦又常常是经济发达、人口密集的地区。

洪涝的特点

从洪涝灾害的发生机制来看，洪涝具有明显的季节性、区域性和可重复性。如我国长江中下游地区的洪涝几乎全部都发生在夏季，并且成因也基本上相同，而在黄河流域则有不同的特点。

同时，洪涝灾害具有很大的破坏性和普遍性。洪涝灾害不仅对社会有害，甚至能够严重危害相邻流域，造成水系变迁。并且，在不同地区均有可能发生洪涝灾害，包括山区、滨海、河流入海口、河流中下游以及冰川周边地区等。

洪涝仍具有可防御性。人类不可能彻底根治洪水灾害，但通过各种努力，可以尽可能地缩小灾害的影响。

可怕的雪灾

雪灾的概述

雪灾亦称白灾，是因长时间大量降雪造成大范围积雪成灾的自然现象，是经常发生的一种气象灾害。由于冬半年降雪量过多和积雪过厚，雪层维持时间长，从而不同程度地影响人类活动。雪灾主要发生在稳定积雪地区和不稳定积雪山区，偶尔出现在瞬时积雪地区。

雪灾的分类

雪灾按其发生的气候规律可分为2类：猝发型和持续型。①猝发型雪灾发生在暴风雪天气过程中或以后，在几天内保持较厚的积雪对牲畜构成威胁。本类型多见于深秋和气候多变的春季。②持续型雪灾：达到危害牲畜的积雪厚度随降雪天气逐渐加厚，密度逐渐增加，稳定积雪时间长。此型可从秋末一直持续到第二年的春季。

可怕的雪灾

根据雪灾的形成条件、分布范围和表现形式，将雪灾分为3种类型：雪崩、风吹雪灾害（风雪流）和牧区雪灾。

根据积雪稳定程度，将我国积雪分为5种类型：

（1）永久积雪：降雪积累量大于当年消融量，积雪终年不化。

（2）稳定积雪（连续积雪）：空间分布和积雪时间（60天以上）都比较连续的季节性积雪。

（3）不稳定积雪（不连续积雪）：虽然每年都有降雪，而且气温较低，但在空间上积雪不连续，多呈斑状分布，在时间上积雪日数10～60天，且时断时续。

（4）瞬间积雪：主要发生在华南、西南地区，这些地区平均气温较高，但在冬季风特别强盛的年份，因寒潮或强冷空气侵袭，发生大范围降雪，但很快消融，使地表出现短时（一般不超过10天）积雪。

（5）无积雪：除个别海拔高的山岭外，多年无降雪。

雪灾主要发生在稳定积雪地区和不稳定积雪山区，偶尔出现在瞬时积雪地区。

积雪对牧草的越冬保温可起到积极的防御作用，旱季融雪可增加土壤水分，促进牧草返青生长。积雪又是缺水或无水冬春草场的主要水源，可解决人畜的饮水问题。但是雪量过大，积雪过深，持续时间过长，则造成牲畜吃草困难，甚至无法放牧，而形成雪灾。

雪灾的指标

通常用草场的积雪深度作为雪灾的首要标志。由于各地草场差异、牧草生长高度不等，因此形成雪灾的积雪深度是不一样的。雪灾的指标为：

（1）轻雪灾：冬春降雪量相当于常年同期降雪量的120%以上；

（2）中雪灾：冬春降雪量相当于常年同期降雪量的140%以上；

（3）重雪灾：冬春降雪量相当于常年同期降雪量的160%以上。

雪灾的指标也可以用其他物理量来表示，诸如积雪深度、密度、温度等，不过上述指标的最大优点是使用简便，且资料易于获得。

雪灾的规律

牧区雪灾规律：根据调查材料分析，我国草原牧区大雪灾大致有10年一遇的规律。至于一般性的雪灾，其出现次数更为频繁了。据统计，西藏牧区大致2~3年一次，青海牧区也大致如此。新疆牧区，因各地气候、区位差异较大，雪灾出现频率差别也大，阿尔泰山区、准噶尔西部山区、北疆沿天山一带和南疆西部山区的冬牧场和春秋牧场，雪灾频率达50%~70%，即在10年内有5~7年出现雪灾。其他地区在30%以下。雪灾高发区，也往往是雪灾严重区，如阿勒泰和富蕴两地区，雪灾频率高达70%，重雪灾高达50%。反之，雪灾频率低的地区往往是雪灾较轻的地区，如温泉地区雪灾出现频率仅为5%，且属轻度雪灾。但不管哪个牧区大雪灾都很少有连年发生的现象。

雪灾发生的时段，冬雪一般始于10月，春雪一般终于4月。危害较重的，一般是秋末冬初大雪形成的所谓"坐冬雪"。随后又不断有降雪过程，使草原积雪越来越厚，以致危害牲畜的积雪持续整个冬天。

雪灾的预警

雪灾预警信号分3级，分别以黄色、橙色、红色表示。黄色为三级防御状态，上面是橙色，最后的红色表示一级紧急状态和危险情况。

（1）雪灾黄色预警信号：12小时内可能出现对交通或牧业有影响的降雪。

①相关部门做好防雪准备；

②交通部门做好道路融雪准备；

③农牧区要备好粮草。

（2）雪灾橙色预警信号：6小时内可能出现对交通或牧业有较大影响的降雪，或者已经出现对交通或牧业有较大影响的降雪并可能持续。

①相关部门做好道路清扫和积雪融化工作；

②驾驶人员要小心驾驶，保证安全；

③将野外牲畜赶到圈里喂养。

（3）雪灾红色预警信号：2小时内可能出现对交通或牧业有很大影响的降雪，或者已经出现对交通或牧业有很大影响的降雪并可能持续。

①必要时关闭道路交通；

②相关应急处置部门随时准备启动应急方案；

③做好对牧区的救灾救济工作。

暴雪预警

暴雪预警信号分4级，分别以蓝色、黄色、橙色、红色表示。

（1）暴雪蓝色预警信号：12小时内降雪量将达4毫米以上，或者已达4毫米以上且降雪持续，可能对交通或者农牧业有影响。

①政府及有关部门按照职责做好防雪灾和防冻害准备工作；

②交通、铁路、电力、通信等部门应当进行道路、铁路、线路巡查维护，做好道路清扫和积雪融化工作；

③行人注意防寒防滑，驾驶人员小心驾驶，车辆应当采取防滑措施；

④农牧区和种养殖业要储备饲料，做好防雪灾和防冻害准备；

⑤加固棚架等易被雪压的临时搭建物。

（2）暴雪黄色预警信号：12小时内降雪量将达6毫米以上，或者已达6毫米以上且降雪持续，可能对交通或者农牧业有影响。

①政府及相关部门按照职责落实防雪灾和防冻害措施；

②交通、铁路、电力、通信等部门应当加强道路、铁路、线路巡查维护，做好道路清扫和积雪融化工作；

③行人注意防寒防滑，驾驶人员小心驾驶，车辆应当采取防滑措施；

④农牧区和种养殖业要备足饲料，做好防雪灾和防冻害准备；

⑤加固棚架等易被雪压的临时搭建物。

（3）暴雪橙色预警信号：6小时内降雪量将达10毫米以上，或者已达10毫米以上且降雪持续，可能或者已经对交通或者农牧业有较大影响。

①政府及相关部门按照职责做好防雪灾和防冻害的应急工作；

②交通、铁路、电力、通信等部门应当加强道路、铁路、线路巡查维护，做好道路清扫和积雪融化工作；

③减少不必要的户外活动；

④加固棚架等易被雪压的临时搭建物，将户外牲畜赶入棚圈喂养。

（4）暴雪红色预警信号：6小时内降雪量将达15毫米以上，或者已达15毫米以上且降雪持续，可能或者已经对交通或者农牧业有较大影响。

①政府及相关部门按照职责做好防雪灾和防冻害的应急和抢险工作；

②必要时停课、停业（除特殊行业外）；

③必要时飞机暂停起降，火车暂停运行，高速公路暂时封闭；

④做好牧区等救灾救济工作。

农业预防雪灾的措施

农业生产防雪灾的5条措施：

（1）要及早采取有效防冻措施，抵御强低温对越冬作物的侵袭，特别是要防止持续低温对旺苗、弱苗的危害。

（2）加强对大棚蔬菜和在地越冬蔬菜的管理，防止连阴雨雪、低温天气的危害，雪后应及时清除大棚上的积雪，既减轻塑料薄膜压力，又有利于增温透光；同时加强各类冬季蔬菜、瓜果的储存管理。

（3）趁雨雪间隙及时做好"三沟"的清理工作，降湿排涝，以防连阴雨雪天气造成田间长期积水，影响麦菜根系生长发育。同时要加强田间管理，中耕松土，铲除杂草，提高其抗寒能力。

（4）及时给麦菜盖土，提高御寒能力，若能用猪牛粪等有机肥覆盖，保苗越冬效果更好。

（5）做好大棚的防风加固工作，并注意棚内的保温、增温，以减少蔬菜病害的发生，保障蔬菜的正常供应。

我国 2008 年的南方特大雪灾

在 2008 年 1 月 10 日，雪灾在南方爆发了。严重的受灾地区有湖南、贵州、湖北、江西、广西北部、广东北部、浙江西部、安徽南部、河南南部。截至 2008 年 2 月 12 日，低温雨雪冰冻灾害已造成 21 个省（区、市、兵团）不同程度受灾，因灾死亡 107 人，失踪 8 人，紧急转移安置 151.2 万人，累计救助铁路公路滞留人

2008 年我国的雪灾

员 192.7 万人；农作物受灾面积 1.77 亿亩，绝收 2 530 万亩；森林受损面积近 2.6 亿亩；倒塌房屋 35.4 万间；造成 1 111 亿元人民币直接经济损失。

造成这次雪灾的天气成因是什么呢？形成大范围的雨雪天气过程，最主要的原因是大气环流的异常，尤其在欧亚地区的大气环流发生异常。

我们都知道，大气环流有着自己的运行规律，在一定的时间内，维持一个稳定的环流状态。在青藏高原西南侧有一个低值系统，在西伯利亚地区维持一个比较高的高值系统，也就是气象上说的低压系统和高压系统。这两个系统在这两个地区长期存在，低压系统给我国的南方地区，主要是南部海区和印度洋地区带来比较丰沛的降水。而来自西伯利亚的冷高压，向南推进的是寒冷的空气。很明显，正常情况下，冬季控制我国的主要是来自西伯利亚的冷空气，使得中国大部地区干燥寒冷。

而在 2008 年 1 月，西南暖湿气流北上影响我国大部分地区，而北边的高

变幻莫测的气候

压系统稳定存在,从西伯利亚地区不断向南输送冷空气,冷暖空气在长江中下游及以南地区就形成了一个交汇带,冷空气密度比较大,暖空气就会沿着冷空气层向上滑升,这样暖湿气流所携带的丰富的水汽就会凝结,形成雨雪的天气。由于这种冷暖空气异常地在这一带地区长时间交汇,导致中国南方大范围的雨雪天气持续时间就比较长。

雪灾常识

雪灾给人们日常工作和生活带来极大不便,那么我们在日常生活中应当如何应对这种恶劣天气,保证人身安全和健康呢?专家温馨提示,请注意以下事项。

抢修因雪灾中断的通讯线路

(1)了解信息,防寒保暖,注意安全。

要注意关于暴雪的最新预报、预警信息;要准备好融雪、扫雪工具和设备;要减少车辆外出;要了解机场、高速公路、码头、车站的停航或者关闭信息,及时调整出行计划;要储备食物和水;要远离不结实、不安全的建筑物;要为牲畜备好粮草并收回野外放牧的牲畜;对农作物要采取防冻措施。

雪灾一旦发生,应该积极应对:要做好道路扫雪和融雪工作,居民和商铺也要积极配合,至少"各人自扫门前雪";外出时要采取防寒和保暖措施,在冰冻严重的南方,尽量别穿硬底鞋和光滑底的鞋,给鞋套上旧棉袜,是很多人在这场冰雪灾害中摸索出来的好办法;驾车出行,慢速、主动避让,保持车距,少踩刹车,服从交警指挥和注意看道路安全提示是关键;给非机动车轮胎稍许放点气,以增加轮胎与路面摩擦力,也能防滑。

如果遭遇了暴风雪突袭,除了上述注意事项外,要特别注意远离广告牌、临时建筑物、大树、电线杆和高压线塔架;路过桥下、屋檐等处,要小心观察或者干脆绕道走，因为从上面掉落的冰凌，在重力加速度作用下，杀伤力不次于刀剑。

（2）应对雪灾必须特别注重膳食营养。

寒冷对人体的影响是多方面的。①影响机体激素调节，促进蛋白质、脂肪、碳水化合物三大营养素的代谢分解加快，尤其是脂肪代谢分解加快；②影响机体的消化系统，提高食欲并消化吸收也较好；③影响机体的泌尿系统，排尿相应增多使钙、钾、钠等矿物质流失也增多。因此，这些变化都需要相应的营养素进行合理调节，以防机体在寒冷环境中出现上述一些生理变化，具体应做到以下几点：

①增加御寒食物的摄入。

在寒冷的冬季，往往使人觉得因寒冷而不适，而且有些人由于体内阳气虚弱而特别怕冷。因此，在冬季要适当采用具有御寒功效的食物进行温补和调养，以起到温养全身组织、增强体质、促进新陈代谢、提高防寒能力、维持机体组织功能活动、抗拒外邪、减少疾病的发生。在冬季应吃性温热御寒并补益的食物，如羊肉、狗肉、甲鱼、虾、鸽、鹌鹑、海参、枸杞、韭菜、胡桃、糯米等。

②增加产热食物的摄入。

由于冬季气候寒冷，机体每天为适应外界寒冷环境，消耗能量相应增多，因而要增加产热营养素的摄入量。产热营养素主要指蛋白质、脂肪、碳水化合物等，因而要多吃富含这三大营养素的食物，尤其是要相对增加脂肪的摄入量，如在吃荤菜时注重肥肉的摄入量，在炒菜时多放些烹调油等。

③补充必要的蛋氨酸。

蛋氨酸可通过转移作用，提供一系列适应耐寒所必需的甲基。寒冷的气候使人体尿液中肌酸的排出量增多，脂肪代谢加快，而合成肌酸及脂酸、磷脂在线粒体内氧化释放出的热量都需要甲基，因此，在冬季应多摄取含蛋氨酸较多的食物，如芝麻、葵花籽、乳制品、酵母、叶类蔬菜等。

④多吃富含维生素类食物。

由于寒冷气候使人体氧化产热加强，机体维生素代谢也发生明显变化，可以增加摄入维生素A，以增强人体的耐寒能力。增加对维生素C的摄入量，以提高人体对寒冷的适应能力,并对血管具有良好的保护作用。维生素 A 主要来自动物肝脏、胡萝卜、深绿色蔬菜等食物;维生素 C 主要来自新鲜水果和蔬菜等食物。

⑤适量补充矿物质。

人怕冷与机体摄入的矿物质量也有一定关系。如钙在人体内含量的多少,可直接影响人体的心肌、血管及肌肉的伸缩性和兴奋性,补充钙可提高机体的御寒能力。含钙丰富的食物有牛奶、豆制品、海带等。食盐对人体御寒也很重要,它可使人体产热功能增强,因而在冬季调味以重味辛热为主,但也不能过咸,每日摄盐量以最多不超过 6 克为宜。

⑥注重热食。

为使人体适应外界寒冷环境,应以热饭热菜用餐并趁热而食,以摄入更多的能量御寒。在餐桌上不妨多安排些热菜汤,这样既可增进食欲,又可消除寒冷感。

天昏地暗的沙尘暴

沙尘来源及其路径

可怕的沙尘暴天气

沙尘暴天气主要发生在春末夏初季节,这是由于冬春季干旱区降水甚少,地表异常干燥松散,抗风蚀能力很弱,在有大风刮过时,就会将大量沙尘卷入空中,形成沙尘暴天气。

从全球范围来看,沙尘暴天气多发生在内陆沙漠地区,源地主要有非洲的撒哈拉沙漠,北美中西部和澳大利亚也是沙尘暴天气的源地之一。1933—1937年由于严重干旱,在北美中西部就产生过著名的碗状沙尘暴。亚洲沙尘暴活动中心主要在约旦沙漠、巴格达与海湾北部沿岸之间的下美索不达米亚、阿巴斯附近的伊朗南部海滨,俾路支到阿富汗北部的平原地带。中亚地区的哈萨克斯坦、乌兹别克斯坦及土库曼斯坦都是沙尘暴频繁(≥15次/年)影响区,但其中心在里海与咸海之间沙质平原及阿姆河一带。

我国西北地区由于独特的地理环境,也是沙尘暴频繁发生的地区,主要源地有古尔班通古特沙漠、塔克拉玛干沙漠、巴丹吉林沙漠、腾格里沙漠、乌兰布和沙漠和毛乌素沙漠等。

从1999年到2002年春季,我国境内共发生53次(1999年9次,2000年14次,2001年18次,2002年12次)沙尘天气,其中33次起源于蒙古国中南部戈壁地区。换句话说,每年肆虐我国的沙尘约有六成来自境外。分析表明:2/3的沙尘天气起源于蒙古国南部地区,在途经我国北方时得到沙尘物质的补充而加强;境内沙源仅为1/3左右。发生在中亚(哈萨克斯坦)的沙尘天气,不可能影响我国西北地区东部乃至华北地区。新疆南部的塔克拉玛干沙漠是我国境内的沙尘天气高发区,但一般不会影响到西北地区东部和华北地区。

我国的沙尘天气路径可分为西北路径、偏西路径和偏北路径:

西北一路路径,沙尘天气一般起源于蒙古高原中西部或内蒙古西部的阿拉善高原,主要影响我国西北、华北;

西北二路路径,沙尘天气起源于蒙古国南部或内蒙古中西部,主要影响西北地区东部、华北北部、东北大部;

偏西路径,沙尘天气起源于蒙古国西南部或南部的戈壁地区、内蒙古西部的沙漠地区,主要影响我国西北、华北;

偏北路径,沙尘天气一般起源于蒙古国乌兰巴托以南的广大地区,主要影响西北地区东部、华北大部和东北南部。

沙尘暴天气成因

(1)土壤风蚀。

通过实验,专家们发现,土壤风蚀是沙尘暴发生发展的首要环节。风是土壤最直接的动力,其中气流性质、风速大小、土壤风蚀过程中风力作用的相关条件等是最重要的因素。另外,土壤含水量也是影响土壤风蚀的重要原因之一。植物措施是防治沙尘暴的有效方法之一。专家认为,植物通常以3种形式影响风蚀:分散地面上一定的风动量,减少气流与沙尘之间的传递,阻止土壤、沙尘等的运动。

此外,沙尘暴发生不仅是特定自然环境条件下的产物,而且与人类活动有对应关系。人为过度放牧、滥伐森林植被,工矿交通建设尤其是人为过度垦荒破坏地面植被,扰动地面结构,形成大面积沙漠化土地,直接加速了沙尘暴的形成和发育。

(2)大气环流。

北京春天里发生沙尘暴的短暂一幕,只不过是中国北方连绵约30万平方千米的黄土高原在二三百万年中每年都要经历的天气过程,所不同的是,后者的风力更强,刮风的时间更长(可以持续几天),沙尘的来源并不是50米开外的十字路口,而是上百千米以外的沙漠和戈壁。

就如同上帝在玩一个匪夷所思的游戏:他把中国西北部和中亚地区沙漠和戈壁表面的沙尘抓起来往东南方向抛去,任凭沙尘落下的地方渐渐堆积起一块高地。这个游戏从大约240万年以前就开始了,上帝至今仍乐此不疲。

事实上,风就是上帝抛沙的那只手。

印度板块向北移动与亚欧板块碰撞之后,印度大陆的地壳插入亚洲大陆的地壳之下,并把后者顶托起来,从而喜马拉雅地区的浅海消失了,喜马拉雅山开始形成并渐升渐高,青藏高原也被印度板块的挤压作用隆升起来。这个过程持续6 000多万年以后,到了距今大约240万年前,青藏高原已有2 000多米高了。

地表形态的巨大变化直接改变了大气环流的格局。在此之前,中国大陆的东边是太平洋,北边的西伯利亚地区和南边喜马拉雅地区分别被浅海占据着,西边的地中海在当时也远远伸入亚洲中部,所以平坦的中国大陆大部分都能得到充足的海洋暖湿气流的滋润,气候温暖而潮湿。中国西北部和中亚内陆大部分为亚热带地区,并没有出现大范围的沙漠和戈壁。

然而东西走向的喜马拉雅山挡住了印度洋暖湿气团的向北移动,久而久之，中国的西北部地区越来越干旱，渐渐形成了大面积的沙漠和戈壁。这里就是堆积起了黄土高原的那些沙尘的发源地。体积巨大的青藏高原正好耸立在北半球的西风带中，240万年以来，它的高度不断增长着。青藏高原的宽度约占西风带的1/3，把西风带的近地面层分为南、北2支。南支沿喜马拉雅山南侧向东流动，北支从青藏高原的东北边缘开始向东流动，这支高空气流常年存在于3 500～7 000米的高空，成为搬运沙尘的主要动力。与此同时，由于青藏高原隆起，东亚季风也被加强了，从西北吹向东南的冬季风与西风急流一起，在中国北方制造了一个黄土高原。

在中国西北部和中亚内陆的沙漠和戈壁上，由于气温的冷热剧变，这里的岩石比别处能更快地崩裂瓦解，成为碎屑，地质学家按直径大小依次把它们分成：砾（大于2毫米），沙（2～0.05毫米），粉沙（0.05～0.005毫米），黏土（小于0.005毫米）。黏土和粉沙颗粒，能被带到3 500米以上的高空，进入西风带，被西风急流向东南方向搬运，直至黄河中下游一带才逐渐飘落下来。

二三百万年以来，亚洲的这片地区从西北向东南搬运沙土的过程从来没有停止过，沙土大量下落的地区正好是黄土高原所在的地区，连五台山、太行山等华北许多山的顶上都有黄土堆积。中国北部包括黄河在内的几条大河以及数不清的沟谷对地表的冲刷作用与黄土的堆积作用正好相反，否则的话，黄土高原一定不会是现在这样，厚度不超过409.93米。太行山以东的华北平原也是沙土的沉降区，但是这里是一个不断下沉的区域，同时又发育了众多河流，所以落下来的沙子要么被河流冲走，要么就被河流所带来的泥沙埋葬了。

中国古籍里有上百处关于"雨土"、"雨黄土"、"雨黄沙"、"雨霾"的记录，最早的"雨土"记录可以追溯到公元前1150年：天空黄雾四塞，沙土从天而降如雨。这里记录的其实就是沙尘暴。

雨土的地点主要在黄土高原及其附近。古人把这类事情看成是奇异的灾变现象，相信这是"天人感应"的一种征兆。晋代张华编的博物志中就记有："夏桀之时，为长夜宫于深谷之中，男女杂处，十旬不出听政，天乃大风扬沙，一夕填此空谷。"

沙尘暴的危害

沙尘暴的危害一是大风,二是沙尘。其影响主要表现在以下几个方面:

沙尘暴下的城市

(1) 风蚀土壤,破坏植被,掩埋农田。

(2) 污染空气。国家环保总局的监测网显示,2002年3月20日强沙尘暴当天,北京每平方米的落尘量达到了20克,总悬浮颗粒物达到了11 000微克立方米,超过了国家标准和正常值。

(3) 影响交通。沙尘暴对交通的影响主要表现为,一是降低能见度影响行车和飞机起降,如韩国2002年3月22日有7个机场被迫关闭,3月21日约有70个航班被迫取消。二是沙尘掩埋路基,阻碍交通。据《华商报》报道,由于沙尘暴掩埋了部分铁路,造成乌鲁木齐开往西安的列车中途遇阻。

(4) 影响精密仪器使用和生产。

(5) 危害人体健康。沙尘暴引起的健康损害是多方面的,皮肤、眼、鼻和肺是最先接触沙尘的部位,受害最重。皮肤、眼、鼻、喉等直接接触部位的损害主要是刺激症状和过敏反应,而肺部表现则更为严重和广泛。美国健康学家提出,细微污染颗粒与肺病和心脏病死亡之间存在关系。澳大利亚《时代报》称,由于土壤被风蚀而引起的沙尘暴是导致该国200万人哮喘的元凶。

(6) 引起天气和气候变化。沙尘暴影响的范围不仅涉及我国有些省份,而且影响到了韩国和日本;1998年9月起源于哈萨克斯坦的一次沙尘暴,经过我国北部广大地区,并将大量沙尘通过高空输送到北美洲;2001年4月起源于蒙古的强沙尘暴掠过了太平洋和美国大陆，最终消散在大西洋上空。如此大范围的沙尘，在高空形成悬浮颗粒，足以影响天气和气候。因为悬浮颗粒能够反射太阳辐射，从而降低大气温度。随着悬浮颗粒大幅度削弱太阳辐射（约10%），地球水循环的速度可能会变慢，降水量减少；悬浮颗粒还可抑制云的形成，使云的降水率降低，减少地球的水资源。可见，沙尘可能会使干旱加剧。

（7）恶化生态环境。出现沙尘暴天气时狂风裹着的沙石、浮尘到处弥漫，凡是经过地区空气浑浊，呛鼻迷眼，呼吸道等疾病人数增加。如1993年5月5日发生在金昌市的强沙尘暴天气，监测到的室外空气含尘量为1 016毫米/立方厘米，室内为80毫米/立方厘米，超过国家规定的生活区内空气含尘量标准的40倍。

再看看下面的这些统计数据，让我们意识到防治沙尘暴的紧迫性：

全国有1 500千米铁路、3万千米公路和5万千米灌渠，由于风沙危害造成不同程度的破坏。

近几年来，我国每年因风沙危害造成的直接经济损失达540亿元，相当于西北5省区1996年财政收入的3倍。

科学家们做过推算，在一块草地上，刮走18厘米厚的表土，约需2 000多年的时间；如在玉米耕作地上，刮走同样数量的表土需49年；而在裸露地上，则只需18年时间。

常年4～5月份正是我国北方沙尘暴高发期，请密切关注天气预报，提前做好预防沙尘暴的准备。

沙尘暴防灾应急

（1）及时关闭门窗，必要时可用胶条密封门窗。

（2）外出时要戴口罩，用纱巾蒙住头，以免沙尘侵害眼睛和呼吸道而造成损伤。应特别注意交通安全。

（3）机动车和非机动车应减速慢行，密切注意路况，谨慎驾驶。

（4）妥善安置易受沙尘暴损坏的室外物品。

（5）发生强沙尘暴天气时不宜出门，尤其是老人、儿童及患有呼吸道过

敏性疾病的人。

（6）平时要做好防风防沙的各项准备。

沙 漠

沙漠：是指地面完全被沙所覆盖、植物非常稀少、雨水稀少、空气干燥的荒芜地区。

地球陆地的三分之一是沙漠。因为水很少，一般以为沙漠荒凉无生命，有"荒沙"之称。沙漠地域大多是沙滩或沙丘，沙下岩石也经常出现。沙漠一般是风成地貌。

骇人的热带风暴

热带风暴是热带气旋的一种，是指中心最大风力达17.2～24.4米/秒的热带气旋。其中心附近持续风力为63～87千米/时，即8～9级风的风力，即烈风程度的风力。每年热带气旋都从海洋横扫至内陆地区。强劲的风力和暴风雨过后留下的只是一片狼藉。

热带风暴的成因

热带风暴产生的基本条件：

（1）首先要有足够广阔的热带洋面，这个洋面不仅要求海水表面温度要高于26.5℃，而且在60米深的一层海水里，水温都要超过这个数值。其中广阔的洋面是形成热带风暴时的必要自然环境，因为热带风暴内部空气分子间的摩擦，每天平均要消耗3 100～4 000卡/厘米^{2}的能量，这个巨大的能量只有广阔的热带海洋释放出的潜热才可能供应。另外，热带气旋周围旋转的强风，会引起中心附近的海水翻腾，在气压降得很低的热带风暴中心甚至可以造成海洋表面向上涌起,继而又向四周散开,于是海水从热带风暴中心向四周围翻腾。热带风暴里这种海水翻腾现象能影响到 60 米的深度。在海水温度低于 26.5℃ 的海洋面上,因热能不够,热带风暴很难维持。

(2)在热带风暴形成之前,预先要有一个弱的热带涡旋存在。我们知道,任何一部机器的运转,都要消耗能量,这就要有能量来源。热带风暴也是一部"热机",它以如此巨大的规模和速度在那里转动,要消耗大量的能量,因此要有能量来源。热带风暴的能量是来自热带海洋上的水汽。在一个事先已经存在的热带涡旋里,涡旋内的气压比四周低,周围的空气挟带大量的水汽流向涡旋中心,并在涡旋区内产生向上运动;湿空气上升,水汽凝结,释放出巨大的凝结潜热,才能促使热带风暴这部大机器运转。所以,即使有了高温高湿的热带洋面供应水汽,如果没有空气强烈上升,产生凝结释放潜热过程,热带风暴也不可能形成。所以,空气的上升运动是生成和维持热带风暴的一个重要因素。然而,其必要条件则是先存在一个弱的热带涡旋。

(3)要有足够大的地球自转偏向力。因赤道上的地转偏向力为零,而向两极逐渐增大,故热带风暴发生地点大约离开赤道 5 个纬度以上。由于地球的自转,便产生了一个使空气流向改变的力,称为"地球自转偏向力"。在旋转的地球上,地球自转的作用使周围空气很难直接流进低气压,而是沿着低气压的中心作逆时针方向旋转(在北半球)。

(4)在弱低压上方,高低空之间的风向风速差别要小。在这种情况下,上下空气柱一致行动,高层空气中热量容易积聚,从而增暖。气旋一旦生成,在摩擦层以上的环境气流将沿等压线流动,高层增暖作用也就能进一步完成。在 20° 以北地区,气象条件发生了变化,主要是高层风很大,不利于增暖,热带风暴不易出现。

热带风暴——海洋杀手

热带风暴是发生于热带洋面上的巨大空气漩涡,它急速旋转像个陀螺,美洲人叫它"飓风",澳洲称它"威力威力",气象学上则称它为"热带气旋"或"热带风暴"。热带风暴每年在全世界造成的损失高达 60 亿~70 亿美元,它所引发的风暴潮、暴雨、洪水、暴风所造成的生命损失占所有自然灾害的 60%。

变幻莫测的气候

热带风暴过后的场景

濒临中国的西北太平洋，是世界上最不平静的海洋，属于自然灾害的"重灾区"。每年盛夏和初秋，中国东南沿海一带，经常遭受热带风暴的侵袭。其中造成灾害的热带风暴每年近20次，相当于美国的4倍、俄罗斯的30倍。热带风暴是我国沿海地区危害程度最严重的灾害性天气。

热带风暴发源于热带洋面。因为那里温度高、湿度大，又热又湿的空气大量上升到高空，凝结成雨，并释放出大量热能，再次加热了洋面的空气；洋面又蒸发出大量水汽，上升到高空。这样往返循环，便渐渐形成了一个中心气压很低，大量空气向低压区汇集的气旋中心。

热带风暴高度一般在9千米以上。热带风暴最大风速一般为40～60米/秒以上，个别强热带风暴可达110米/秒。一次热带风暴过程，降雨量可达200～300毫米，有时高达1 000毫米。因此，热带风暴经过之处常常出现狂风暴雨，并引起洪涝灾害。发生在1975年的第三号热带风暴，使中国东部10多个省出现暴雨洪水。河南省受灾最严重，暴雨中心恰好位于两座水库上游，导致水库溃坝，高达10多米的水舌像巨龙一样倾泻，大量农田、村舍被淹，京广铁路被冲毁100余千米，造成很大的人畜伤亡。

近年来，中国在海洋灾害的研究和预测方面已进入了国际先进行列，沿海岸边和岛屿已建成280个验潮站，成为世界上监测站网分布密度最高的国家之一，并且多次成功地发布了强风暴潮警报，对防灾抗灾起到了重要作用。

热带风暴造成的严重损失

2007年11月超级气旋"锡德"在孟加拉国沿岸致800多万人受灾，4 000多人死亡或失踪，损失23亿多美元。

2005年10月热带风暴"斯坦"在墨西哥南部、危地马拉、萨尔瓦多、尼加拉瓜和洪都拉斯引起暴雨、洪水泛滥和山体滑坡,至少造成2 000人死亡。

热带风暴气象图2005年8月显示,"卡特里娜"飓风在美国南部沿海地区造成1 300多人死亡,100多万人无家可归。

2004年12月7.9级强烈地震,引发海啸,印尼亚齐地区沿岸23万人死亡或失踪,50万

热带风暴"纳尔吉斯"过后的缅甸

人无家可归,举世震惊;2004年9月热带风暴"珍妮"在海地造成3 000多人死亡,海地北部城市陷入一片汪洋。

1998年10月飓风"米奇"在中美洲致9 000多人死亡,大多数人葬身于可怕的泥石流之中。

1991年4月热带风暴在孟加拉国引发洪水泛滥,造成大约13.8万人死亡。1991年11月热带风暴在菲律宾造成6 000多人丧生。

1970年飓风"波罗"在孟加拉造成50万人死亡,是该国历史上最严重的风暴灾害。

2008年5月6日缅甸国家媒体报道,缅甸政府已确认,热带风暴"纳尔吉斯"已造成22 500人死亡,另有41 000人失踪。

热带气旋

热带气旋是发生在热带或副热带洋面上的低压涡旋,是一种强大而深厚的热带天气系统。热带气旋通常在热带地区离赤道平均3~5个纬度外的海面(如西北太平洋,北大西洋,印度洋)上形成,其移动主要受到科氏力及其他大尺度天气系统影响,最终在海上消散,或者变性为温带气旋,或在登陆后

变幻莫测的气候

消散。登陆的热带气旋会带来严重的财产和人员伤亡，是自然灾害的一种。不过热带气旋亦是大气循环中的一个组成部分，能够将热能及地球自转的角动量由赤道地区带往较高纬度，也可为长时间干旱的沿海地区带来丰沛的雨水。

强劲的台风

台风（或飓风）是产生于热带洋面上的一种强烈热带气旋，只是随着发生地点不同，叫法不同。印度洋和在北太平洋西部、国际日期变更线以西，包括南中国海范围内发生的热带气旋称为"台风"；而在大西洋或北太平洋东部的热带气旋则称"飓风"。也就是说，台风在欧洲、北美一带称"飓风"，在东亚、东南亚一带称为"台风"；在孟加拉湾地区被称做"气旋性风暴"；在南半球则称"气旋"。

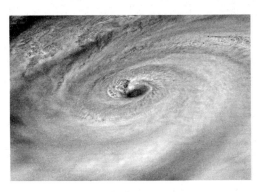

台风示意图

台风经过时常伴随着大风和暴雨或特大暴雨等强对流天气。风向在北半球地区呈逆时针方向旋转（在南半球则为顺时针方向）。在气象图上，台风的等压线和等温线近似为一组同心圆。台风中心为低压中心，以气流的垂直运动为主，风平浪静，天气晴朗；台风眼附近为漩涡风雨区，风大雨大。

有史以来强度最高、中心附近气压值最低的台风，是超强台风泰培（英语：Typhoon Tip，台湾译名：狄普），日本1979年的大范围洪灾就是由这个台风造成的。

台风的形成

热带海面受太阳直射而使海水温度升高,海水蒸发成水汽升空,而周围的较冷空气流入补充,然后再上升,如此循环,终必使整个气流不断扩大而形成"风"。由于海面之广阔,气流循环不断加大,直径乃至数千米。由于地球由西向东高速自转,致使气流柱和地球表面产生摩擦,加之越接近赤道摩擦力越强,这就引导气流柱逆时针旋转(南半球系顺时针旋转)。由于地球自转的速度快而气流柱跟不上地球自转的速度而形成感觉上的西行,这就形成我们现在说的台风和台风路径。

在海洋面温度超过26℃以上的热带或副热带海洋上,由于近洋面气温高,大量空气膨胀上升,使近洋面气压降低,外围空气源源不断地补充流入上升区。受地转偏向力的影响,流入的空气旋转起来。而上升空气膨胀变冷,其中的水汽冷却凝结形成水滴时,要放出热量,又促使低层空气不断上升。这样近洋面气压下降得更低,空气旋转得更加猛烈,最后形成了台风。

如此巨大的庞然大物,其产生必须具备特有的条件:

(1)要有广阔的高温、高湿的大气。热带洋面上的底层大气的温度和湿度主要决定于海面水温,台风只能形成于海温高于26℃~27℃暖洋面上,而且在60米深度内的海水水温都要高于26℃~27℃。

(2)要有低层大气向中心辐合、高层向外扩散的初始扰动。而且高层辐散必须超过低层辐合,才能维持足够的上升气流,低层扰动才能不断加强。

(3)垂直方向风速不能相差太大,上下层空气相对运动很小,才能使初始扰动中水汽凝结所释放的潜热能集中保存在台风眼区的空气柱中,形成并加强台风暖中心结构。

(4)要有足够大的地转偏向力作用,地球自转作用有利于气旋性涡旋的生成。地转偏向力在赤道附近接近于零,向南北两极增大,台风基本发生在大约离赤道5个纬度以上的洋面上。

台风的发源地

台风源地分布在西北太平洋广阔的低纬洋面上。西北太平洋热带扰动加

强发展为台风的初始位置,在经度和纬度方面都存在着相对集中的地带。在东西方向上,热带扰动发展成台风相对集中在4个海区:

(1) 中国南海海区;

(2) 菲律宾群岛以东、琉球群岛、关岛等附近海面(最重要的台风发源地);

(3) 马里亚纳群岛附近海面;

(4) 马绍尔群岛附近海面。

台风的灾害

台风是一种破坏力很强的灾害性天气系统。其危害性主要有3个方面:

台风引起的灾害

(1) 大风。台风中心附近最大风力一般为8级以上。

(2) 暴雨。台风是最强的暴雨天气系统之一,在台风经过的地区,一般能产生 150~300 毫米降雨,少数台风能产生 1 000 毫米以上的特大暴雨。

(3) 风暴潮。一般台风能使沿岸海水产生增水,江苏省沿海最大增水可达 3 米。"9608"和"9711"号台风增水,使江苏省沿江沿海出现超历史的高潮位。

台风的好处

在我国沿海地区,几乎每年夏秋两季都会或多或少地遭受台风的侵袭,因此而遭受的生命财产损失也不小。作为一种灾害性天气,可以说,提起台风,没有人会对它表示好感。然而,凡事都有两重性,台风是给人类带来了灾害,但假如没有台风,人类也会遭殃。科学研究发现,台风对人类起码有如下几大好处:

(1) 台风这一热带风暴为人们带来了丰沛的淡水。台风给中国沿海、日本海沿岸、印度、东南亚和美国东南部带来大量的雨水,约占这些地区总降水量的1/4以上，对改善这些地区的淡水供应和生态环境都有十分重要的意义。

（2）靠近赤道的热带、亚热带地区受日照时间最长，干热难忍，如果没有台风来驱散这些地区的热量，那里将会更热，地表沙荒将更加严重。

（3）台风还能增加捕鱼产量。每当台风吹袭时翻江倒海，将江海底部的营养物质卷上来，鱼饵增多，吸引鱼群在水面附近聚集，渔获量自然提高。

防范台风

（1）千万别下海游泳。台风来时海滩助潮涌，大浪极其凶猛，在海滩游泳是十分危险的，所以千万不要下海。

（2）受伤后不要盲目自救，请拨打120。台风中外伤、骨折、触电等急救事故最多。外伤主要是头部外伤，被刮倒的树木、电线杆或高空坠落物如花盆、瓦片等击伤。电击伤主要是被刮倒的电线击中，或踩到掩在树木下的电线。不要打赤脚，穿雨靴最好，既防雨同时起到绝缘作用，预防触电。走路时观察仔细再走，以免踩到电线。通过小巷时，也要留心，因为围墙、电线杆倒塌的事故很容易发生。高大建筑物下注意躲避高空坠物。发生急救事故，先打120，不要擅自搬动伤员或自己找车急救。搬动不当，对骨折患者会造成更大的损伤，严重时会发生瘫痪。

（3）尽可能远离建筑工地。居民经过建筑工地时最好稍微保持距离，因为有的工地围墙经过雨水渗透，可能会松动；还有一些围栏，也可能倒塌；一些散落在高楼上没有及时收集的材料，譬如钢管、榔头等，说不定会被风吹下；而有塔吊的地方，更要注意安全，因为如果风大，塔吊臂有可能会折断。还有些地方正在进行建筑立面整治，人们在经过脚手架时，最好绕行，不要在下面走。

（4）一定要出行，建议乘坐火车。在航空、铁路、公路三种交通方式中，公路交通一般受台风影响最大。如果一定要出行，建议不要自己开车，最好也不乘汽车，可以选择坐火车。

（5）为了自己和他人安全，请检查家中门窗阳台。台风来临前应将阳台、窗外的花盆等物品移入室内。切勿随意外出，家长关照自己孩子。居民用户应把门窗拴牢，特别应对铝合金门窗采取防护，确保安全。市民出行时请注意远离迎风门窗，不要在大树下躲雨或停留。

台风眼

台风是发生在热带海洋上的强烈天气系统，它像在流动江河中前进的涡旋一样，一边绕自己的中心急速旋转，一边随周围大气向前移动。像温带气旋一样，在北半球热带气旋中的气流绕中心呈逆时针方向旋转，在南半球则相反。愈靠近热带气旋中心，气压愈低，风力愈大。但发展强烈的热带气旋，如台风，其中心却是一片风平浪静的晴空区，这一片区域就是台风眼。

猛烈的龙卷风

地球上最快最猛的强风：龙卷风

龙卷风是一种强烈的小范围的空气涡旋，是在极不稳定天气下由空气强烈对流运动而产生的。由雷暴云底伸展至地面的漏斗状云（龙卷）产生的强烈的旋风，其风力可达 12 级以上，最大可达 100 米/秒以上，一般伴有雷雨，有时也伴有冰雹。

空气绕龙卷的轴快速旋转，受龙卷中心气压减小的吸引，近地面几十米厚的一薄层空气内，气流被从四面八方吸入涡旋的底部。并随即变为绕轴心向上的涡流。龙卷中的风总是

地球上最快最猛的强风——龙卷风

气旋性的，其中心的气压可以比周围气压低10%。

龙卷风是一种伴随着高速旋转的漏斗状云柱的强风涡旋，其中心附近风速可达100~200米/秒，最大300米/秒，比台风（产生于海上）近中心最大风速大好几倍。中心气压很低，一般可低至400hPa（百帕，气压单位），最低可达200hPa。它具有很大的吸吮作用，可把海（湖）水吸离海（湖）面，形成水柱，然后同云相接，俗称"龙取水"。由于龙卷风内部空气极为稀薄，导致温度急剧降低，促使水汽迅速凝结，这是形成漏斗云柱的重要原因。漏斗云柱的直径，平均只有250米左右。龙卷风产生于强烈不稳定的积雨云中。它的形成与暖湿空气强烈上升、冷空气南下、地形作用等有关。它的生命史短暂，一般维持十几分钟到一两小时，但其破坏力惊人，能把大树连根拔起，建筑物吹倒，或把部分地面物卷至空中。江苏省每年几乎都有龙卷风发生，但发生的地点没有明显规律。出现的时间，一般在六七月间，有时也发生在8月上、中旬。

龙卷风是怎样形成的

龙卷风这种自然现象是云层中雷暴的产物。具体地说，龙卷风就是雷暴巨大能量中的一小部分在很小的区域内集中释放的一种形式。龙卷风的形成可以分为4个阶段：

（1）大气的不稳定性产生强烈的上升气流，由于急流中的最大过境气流的影响，它被进一步加强。

（2）由于与在垂直方向上速度和方向均有切变的风相互作用，上升气流在对流层的中部开始旋转，形成中尺度气旋。

（3）随着中尺度气旋向地面发展和向上伸展，它本身变细并增强。同时，一个小面积的增强辅合，即初生的龙卷在气旋内部形成，产生气旋的同样过程形成龙卷核心。

（4）龙卷核心中的旋转与气旋中的旋转不同，它的强度足以使龙卷一直伸展到地面。当发展的涡旋到达地面高度时，地面气压急剧下降，地面风速急剧上升，形成龙卷。

龙卷风常发生于夏季的雷雨天气时，尤以下午至傍晚最为多见。袭击范围小，龙卷风的直径一般在十几米到数百米之间。龙卷风的生存时间一般只有几分钟，最长也不超过数小时。风力特别大，在中心附近的风速可达100～200米/秒。破坏力极强，龙卷风经过的地方，常会发生拔起大树、掀翻车辆、摧毁建筑物等现象，有时把人吸走，危害十分严重。

龙卷风的5个等级

龙卷风共分5个等级（Fujita scale/F-Scale，藤田级数），分别是F1级、F2级、F3级、F4级和F5级。

F1级龙卷风体形较小，风力较弱，足以掀起屋顶和拔倒活动房屋，漩涡中央的风时速110～168千米。F2级风时速介于169～225千米，足以使厢形车翻覆。F3风时速高达390千米，足以连树拔根而起。F4足以卷起房屋树木与车辆，凌空而起至数百码外。最恐怖的就是难以想象的F5，它足以掀起坚固的房屋，钢筋水泥等强化性建筑也会被撕成断瓦碎片。美国德克萨斯州乔治郡1997年5月的龙卷风便属于这一等级，风时速高达477千米。该龙卷风直径大于1千米，给美国造成了数亿美元的损失。

2007年2月1日后，美国的龙卷风改用改进藤田等级。

龙卷风的危害

1995年在美国俄克拉荷马州阿得莫尔市发生的一场陆龙卷，诸如屋顶之类的重物被吹出几十千米之远。大多数碎片落在陆龙卷通道的左侧，按重量不等常常有很明确的降落地带。较轻的碎片可能会飞到300多千米外才落地。

在强烈龙卷风的袭击下，房子屋顶会像滑翔翼般飞起来。一旦屋顶被卷走后，房子的其他部分也会跟着崩解。因此，建筑房屋时，如果能加强房顶的稳固性，将有助于防止龙卷风过境时造成巨大损失。

龙卷的袭击突然而猛烈，产生的风是地面上最强的。在美国，龙卷风每年造成的死亡人数仅次于雷电。它对建筑的破坏也相当严重，经常是毁灭性的。

在1999年5月27日，美国德克萨斯州中部，包括首府奥斯汀在内的4个县遭受特大龙卷风袭击，造成至少32人死亡，数十人受伤。据报道，在离奥斯汀市北部 40 千米的贾雷尔镇，有 50 多所房屋倒塌，有 30 多人在龙卷风丧生。遭到破坏的地区长达 1 千米，宽 200 码。这是继 5 月 13 日迈阿密市遭龙卷风袭击之后，美国又一遭受龙卷风的地区。

一般情况下，龙卷风是一种气旋。它在接触地面时，直径在几米到 1 千米不等，平均在几百米。

美国德克萨斯州的龙卷风

龙卷风影响范围从数米到几十上百千米，所到之处万物遭劫。龙卷风漏斗状中心由吸起的尘土和凝聚的水气组成可见的"龙嘴"。在海洋上，尤其是在热带，发生类似的景象称为海上龙卷风。

大多数龙卷风在北半球是逆时针旋转，在南半球是顺时针旋转，也有例外情况。龙卷风形成的确切机理仍在研究中，一般认为与大气的剧烈活动有关。

从 19 世纪以来，天气预报的准确性大大提高，气象雷达能够监测到龙卷风、飓风等各种灾害风暴。

龙卷风通常是极其快速的，100 米/秒的风速不足为奇，甚至达到 175 米/秒以上，比 12 级台风还要大五六倍。风的范围很小，一般直径只有 25～100 米，只在极少数的情况下直径才达到 1 千米以上；从发生到消失只有几分钟，最多几个小时。

龙卷风的力气也是很大的。1956 年 9 月 24 日上海曾发生过一次龙卷风，它轻而易举地把一个 11 万千克重的大储油桶"举"到 15 米高的高空，再甩到 120 米以外的地方。

1879 年 5 月 30 日下午 4 时，在美国堪萨斯州北方的上空有 2 块又黑又浓的乌云合并在一起。15 分钟后在云层下端产生了漩涡。漩涡迅速增长，变成一根顶天立地的巨大风柱，在 3 个小时内像一条孽龙似的在整个州内胡作非为，所到之处无一幸免。但是，最奇怪的事是发生在刚开始的时候，龙卷风漩涡横过一条小河,遇上了一座峭壁,显然是无法超过这个障碍物,漩涡便折向西进,那边恰巧有一座新造的75米长的铁路桥。龙卷风漩涡竟将它从石桥墩上"拔"起,把它扭了几扭然后抛到水中。

关于龙卷风的探测

龙卷风的袭击突然而猛烈,产生的风是地面最强的。由于它的出现和消散都十分突然,所以很难对它进行有效的观测。

龙卷风的风速究竟有多大?没有人真正知道,因为龙卷风发生至消散的时间短,作用面积很小,以至于现有的探测仪器没有足够的灵敏度来对龙卷风进行准确的观测。相对来说,多普勒雷达是比较有效和常用的一种观测仪器。多普勒雷达对准龙卷风发出微波束,微波信号被龙卷风中的碎屑和雨点反射后重被雷达接收。如果龙卷风远离雷达而去,反射回的微波信号频率将向低频方向移动;反之,如果龙卷风越来越接近雷达,则反射回的信号将向高频方向移动。这种现象被称为多普勒频移。接收到信号后,雷达操作人员就可以通过分析频移数据,计算出龙卷风的速度和移动方向。

龙吸水:龙卷风的别名。龙卷风,因为与古代神话里从波涛中窜出、腾云驾雾的东海蛟龙很相像而得名,除了"龙吸水"外,它还有不少的别名,如"龙摆尾"、"倒挂龙"等等。

龙卷风的防范措施

(1)在家时,务必远离门、窗和房屋的外围墙壁,躲到与龙卷风方向相反的墙壁或小房间内抱头蹲下。躲避龙卷风最安全的地方是地下室或半地下室。

(2)在电杆倒、房屋塌的紧急情况下,应及时切断电源,以防止电击人体或引起火灾。

(3)在野外遇龙卷风时,应就近寻找低洼地伏于地面,但要远离大树、电杆,以免被砸、被压和触电。

(4)汽车外出遇到龙卷风时,千万不能开车躲避,也不要在汽车中躲避,因为汽车对龙卷风几乎没有防御能力。应立即离开汽车,到低洼地躲避。

急剧降温的寒潮

寒潮是冬季的一种灾害性天气，群众习惯把寒潮称为寒流。所谓寒潮，就是北方的冷空气大规模地向南侵袭我国，造成大范围急剧降温和偏北大风的天气过程。寒潮一般多发生在秋末、冬季、初春时节。我国气象部门规定：冷空气侵入造成的降温，一天内达到10℃以上，而且最低气温在5℃以下，则称此冷空气爆发过程为一次寒潮过程。可见，并不是每一次冷空气南下都称为寒潮。

寒潮的东西长度可达几百千米到几千千米，但其厚度一般只有二三千米。寒潮的移动速度为几万米/时，与火车的速度差不多。

寒潮爆发在不同的地域环境下具有不同的特点。在西北沙漠和黄土高原，表现为大风少雪，极易引发沙尘暴天气。在内蒙古草原则为大风、吹雪和低温天气。在华北、黄淮地区，寒潮袭来常常风雪交加。在东北表现为更猛烈的大风、大雪，降雪量为全国之冠。在江南常伴随着寒风苦雨。

寒潮形成的主要原因

在北极地区由于太阳光照弱，地面和大气获得热量少，常年冰天雪地。到了冬天，太阳光的直射位置越过赤道，到达南半球，北极地区的寒冷程度更加增强，范围扩大，气温一般都在 -40℃ ~ -50℃以下。范围很大的冷气团聚集到一定程度，在适宜的高空大气环流作用下，就会大规模向南入侵，形成寒潮天气。

就拿我国来说，我国位于欧亚大陆的东南部。从我国往北去，就是蒙古国和俄罗斯的西伯利亚地区。西伯利亚是气候很冷的地方，再往北去，就到了地球最北的地区——北极了。那里比西伯利亚地区更冷，寒冷期更长。影响我国的寒潮就是从那些地方形成的。

位于高纬度的北极地区和西伯利亚、蒙古高原一带，一年到头受太阳光的斜射，地面接收太阳光的热量很少。尤其是到了冬天，太阳光线南移，北半球太阳光照射的角度越来越小，因此，地面吸收的太阳光热量也越来越少，地表面的温度变得很低。在冬季北冰洋地区，气温经常在-20℃以下，最低时可到-60℃~-70℃。1月份的平均气温常在-40℃以下。

由于北极和西伯利亚一带的气温很低，大气的密度就要大大增加，空气不断收缩下沉，使气压增高，这样便形成一个势力强大、深厚宽广的冷高压气团。当这个冷性高压势力增强到一定程度时，就会像决了堤的海潮一样，一泻千里，汹涌澎湃地向我国袭来，这就是寒潮。

每一次寒潮爆发后，西伯利亚的冷空气就要减少一部分，气压也随之降低。但经过一段时间后，冷空气又重新聚集堆积起来，孕育着一次新的寒潮的爆发。

冷空气的源地和寒潮关键区

冷空气的源地：

（1）新地岛以西洋面上。

（2）新地岛以东洋面上。

（3）冰岛以南洋面上。

寒潮关键区：据中央气象台统计资料，95%的冷空气都要经过西伯利亚中部地区并在那里积累加强，这个地区就称为寒潮关键区。

入侵我国的寒潮主要有几条路径：①西路：从西伯利亚西部进入我国新疆，经河西走廊向东南推进；②中路：从西伯利亚中部和蒙古进入我国后，经河套地区和华中南下；③从西伯利亚东部或蒙古东部进入我国东北地区，经华北地区南下；④东路加西路：东路冷空气从河套下游南下，西路冷空气从青海东南下，两股冷空气常在黄土高原东侧，黄河、长江之间汇合，汇合时造成大范围的雨雪天气，接着两股冷空气合并南下，出现大风和明显降温。

寒潮的危害及益处

寒潮的危害有：

（1）对农作物造成冻害（秋季和春季危害最大）——强烈降温。

（2）吹翻船只，摧毁建筑物，破坏农场——大风。

（3）压断电线，折断电线杆——大雪、冻雨。

寒潮和强冷空气通常带来大风、降温天气。寒潮大风对沿海地区威胁很大，如1969年4月21至25日的寒潮，强风袭击渤海、黄海以及河北、山东、河南等省，陆地风力7~8级，海上风力8~10级。此时正值天文大潮，寒潮爆发造成了渤海湾、莱州湾几十年来罕见的风暴潮。在山东北部沿海一带，海水上涨了3米以上，冲毁海堤50多千米，海水倒灌30~40千米。

寒潮带来的雨雪和冰冻天气对交通运输危害不小。如1987年11月下旬的一次寒潮过程，使哈尔滨、沈阳、北京、乌鲁木齐等铁路局所管辖的不少车站道岔冻结，铁轨被雪埋，通信信号失灵，列车运行受阻。雨雪过后，道路结冰打滑，交通事故明显上升。

寒潮袭来对人体健康危害很大，大风降温天气容易引发感冒、气管炎、冠心病、肺心病、中风、哮喘、心肌梗死、心绞痛、偏头痛等疾病，有时还会使患者的病情加重。

很少被人提起的是，寒潮也有有益的影响。地理学家的研究分析表明，寒潮有助于地球表面热量交换。随着纬度增高，地球接收太阳辐射能量逐渐减弱，因此地球形成热带、温带和寒带。寒潮携带大量冷空气向热带倾泻，使地面热量进行大规模交换，这非常有助于自然界的生态保持平衡，保持物种的繁茂。

气象学家认为，寒潮是风调雨顺的保障。我国受季风影响，冬天气候干旱，为枯水期。但每当寒潮南侵时，常会带来大范围的雨雪天气，缓解了冬天的旱情，使农作物受益。"瑞雪兆丰年"这句农谚为什么能在民间千古流传？这是因为雪水中的氮化物含量高，是普通水的5倍以上，可使土壤中氮素大幅度提高。雪水还能加速土壤有机物质分解，从而增加土壤中的有机肥料。大雪覆盖在越冬农作物上，就像棉被一样起到抗寒保温作用。

民间有种说法是"寒冬不寒，来年不丰"，这同样有其科学道理。农作物病虫害防治专家认为，寒潮带来的低温，是目前最有效的天然"杀虫剂"，可大量杀死潜伏在土中过冬的害虫和病菌，或抑制其滋生，减轻来年的病虫害。据各地农技站调查数据显示，凡大雪封冬，来年农药可节省60%以上。

寒潮还可带来风资源。科学家认为，风是一种无污染的宝贵动力资源。

举世瞩目的日本宫古岛风能发电站,寒潮期的发电效率是平时的1.5倍。

有关寒潮的预防

(1) 当气温发生骤降时,要注意添衣保暖,特别是要注意手、脸的保暖。

(2) 关好门窗,固紧室外搭建物。

(3) 外出当心路滑跌倒。

(4) 老弱病人,特别是心血管病人、哮喘病人等对气温变化敏感的人群尽量不要外出。

(5) 注意休息,不要过度疲劳。

(6) 提防煤气中毒,尤其是采用煤炉取暖的家庭更要提防。

(7) 应加强天气预报,提前发布准确的寒潮消息或警报。

天降煞星——冰雹

冰雹也叫"雹",俗称雹子,有的地区叫"冷子",夏季或春夏之交最为常见。它是一些小如绿豆、黄豆,大似栗子、鸡蛋的冰粒。我国除广东、湖南、湖北、福建、江西等省冰雹较少外,各地每年都会受到不同程度的雹灾,尤其是北方的山区及丘陵地区,地形复杂,天气多变;冰雹多,受害重,对农业危害很大。猛烈的冰雹打毁庄稼,损坏房屋,人被砸伤、牲畜被砸死的情况也常常发生;特大的冰雹甚至能比柚子还大,会致人死亡、毁坏大片农田和树木、摧毁建筑物和车辆等,具有强大的杀伤力。

冰雹是一种固态降水物,系圆球形或圆锥形的冰块,由透明层和不透明层相间组成。直径一般为5

空中降下冰块——冰雹

~50毫米，最大的可达10厘米以上。雹的直径越大，破坏力就越大。冰雹常砸坏庄稼，威胁人畜安全，是一种严重的自然灾害。冰雹来自对流特别旺盛的对流云（积雨云）中。云中的上升气流要比一般雷雨云强，小冰雹是在对流云内由雹胚上下数次和过冷水滴碰并而增长起来的，当云中的上升气流支托不住时就下降到地面。大冰雹是在具有一支很强的斜升气流、液态水的含量很充沛的雷暴云中产生的。每次降雹的范围都很小，一般宽度为几米到几千米，长度为20~30千米，所以民间有"雹打一条线"的说法。冰雹主要发生在中纬度大陆地区，通常山区多于平原，内陆多于沿海。中国的降雹多发生在春、夏、秋三季，4—7月约占发生总数的70%。比较严重的雹灾区有甘肃南部、陇东地区、阴山山脉、太行山区和川滇两省的西部地区。

因此，我们很有必要了解冰雹灾害时空格局以及冰雹灾害所造成的损失情况，从而更好地防治冰雹灾害，减少经济损失。

冰雹的形成

冰雹和雨、雪一样都是从云里"掉"下来的，不过下冰雹的云是一种发展十分强盛的积雨云，而且只有发展特别旺盛的积雨云才可能降冰雹。积雨云和各种云一样都是由地面附近空气上升凝结形成的。空气从地面上升，在上升过程中气压降低，体积膨胀。如果上升空气与周围没有热量交换，由于膨胀消耗能量，空气温度就要降低，这种温度变化称为绝热冷却。根据计算，在大气中每上升100米，因绝热变化会使温度空气降低1℃左右。在一定温度下，空气中容纳水汽有一个限度，达到这个限度就称为"饱和"，温度降低后，空气中可能容纳的水汽量就要降低。因此，原来没有饱和的空气在上升运动中由于绝热冷却可能达到饱和，空气达到饱和之后过剩的水汽便附着在飘浮于空中的凝结核上，形成水滴。当温度低于0℃时，过剩的水汽便会凝华成细小的冰晶。这些水滴和冰晶聚集在一起，飘浮于空中便成了云。大气中有各种不同形式的空气运动，形成了不同形态的云。因对流运动而形成的云有淡积云、浓积云和积雨云等，人们把它们统称为积状云。它们都是一块块孤立向上发展的云块，因为在对流运动中有上升运动和下沉运动，往往在上升气流区形成了云块，而在下沉气流区就成了云的间隙，有时可见蓝天。

积状云因对流强弱不同而形成各种不同云状,它们的云体大小悬殊很大。如果云内对流运动很弱,上升气流达不到凝结高度,就不会形成云,只有干对流。如果对流较强,可以发展形成浓积云。浓积云的顶部像椰菜,由许多轮廓清晰的凸起云泡构成,云厚可以达4~5千米。如果对流运动很猛烈,就可以形成积雨云,云底黑沉沉,云顶发展很高,可达10千米左右,云顶边缘变得模糊起来,云顶还常扩展开来,形成砧状。一般积雨云可能产生雷阵雨,而只有发展特别强盛的积雨云,云体十分高大,云中有强烈的上升气体,云内有充沛的水分,才会产生冰雹,这种云通常也称为冰雹云。

冰雹云是由水滴、冰晶和雪花组成的。一般为3层:①最下面一层温度在0℃以上,由水滴组成;②中间温度为0℃~-20℃,由过冷却水滴、冰晶和雪花组成;③最上面一层温度在-20℃以下,基本上由冰晶和雪花组成。

在冰雹云中气流是很强盛的,通常在云的前进方向,有一股十分强大的上升气流从云底进入又从云的上部流出。还有一股下沉气流从云后方中层流入,从云底流出。这里也就是通常出现冰雹的降水区。这两股有组织上升与下沉气流与环境气流连通,所以一般强雹云中气流结构比较持续。强烈的上升气流不仅给雹云输送了充分的水汽,并且支撑冰雹粒子停留在云中,使它长到相当大才降落下来。

冰雹和雨、雪一样,都是从云里掉下来的,它是从积雨云中降落下来的一种固态降水。

冰雹的形成需要以下几个条件:

(1) 大气中必须有相当厚的不稳定层存在;

(2) 积雨云必须发展到能使个别大水滴冻结的高度(一般认为温度达-12℃~-16℃);

(3) 要有强的风切变;

(4) 云的垂直厚度不能小于6~8千米;

(5) 积雨云内含水量丰富。一般为3~8克/立方米,在最大上升速度的上方有一个液态过冷却水的累积带;

(6) 云内应有倾斜的、强烈而不均匀的上升气流,一般在10~20米/秒以上。

在冰雹云中冰雹又是怎样长成的呢?

在冰雹云中,强烈的上升气流携带着许多大大小小的水滴和冰晶运动着,其中有一些水滴和冰晶并合冻结成较大的冰粒。这些粒子和过冷水滴被上升气流输送到含水量累积区,就可以成为冰雹核心。这些冰雹初始生长的核心在含水量累积区有着良好生长条件。雹核在上升气流携带下进入生长区后,在水量多、温度不太低的区域与过冷水滴碰并,长成一层透明的冰层,再向上进入水量较少的低温区。这里主要由冰晶、雪花和少量过冷水滴组成,雹核与它们黏并冻结形成一个不透明的冰层。这时冰雹已长大,而那里的上升气流较弱,当它支托不住增长大了的冰雹时,冰雹便在上升气流里下落,在下落中不断地并合冰晶、雪花和水滴而继续生长。当它落到较高温度区时,碰并上去的过冷水滴便形成一个透明的冰层。这时如果落到另一股更强的上升气流区,那么冰雹又将再次上升,重复上述的生长过程。这样,冰雹就一层透明一层不透明地增长。由于各次生长的时间、含水量和其他条件的差异,所以,各层厚薄及其他特点也各有不同。最后,当上升气流支撑不住冰雹时,它就从云中落了下来,成为我们所看到的冰雹了。

冰雹的特征

总的说来,冰雹有以下几个特征:

(1)局地性强,每次冰雹的影响范围一般宽约几十米到数千米,长约数百米到十多千米;

(2)历时短,一次狂风暴雨或降雹时间一般只有2~10分钟,少数在30分钟以上;

(3)受地形影响显著,地形越复杂,冰雹越易发生;

(4)年际变化大,在同一地区,有的年份连续发生多次,有的年份发生次数很少,甚至不发生;

(5)发生区域广,从亚热带到温带的广大气候区内均可发生,但以温带地区发生次数居多。

冰雹的分类

根据一次降雹过程中多数冰雹(一般冰雹)直径、降雹累计时间和积雹厚度，将冰雹分为3级。

（1）轻雹：多数冰雹直径不超过0.5厘米，累计降雹时间不超过10分钟，地面积雹厚度不超过2厘米；

（2）中雹：多数冰雹直径0.5~2.0厘米，累计降雹时间10~30分钟，地面积雹厚度2~5厘米；

（3）重雹：多数冰雹直径2.0厘米以上，累计降雹时间30分钟以上，地面积雹厚度5厘米以上。

冰雹的危害

冰雹灾害是由强对流天气系统引起的一种剧烈的气象灾害，它出现的范围虽然较小，时间也比较短促，但来势猛、强度大，并常常伴随着狂风、强降水、急剧降温等阵发性灾害性天气过程。中国是冰雹灾害频繁发生的国家，冰雹每年都给农业、建筑、通讯、电力、交通以及人民生命财产带来巨大损失。据有关资料统计，我国每年因冰雹所造成的经济损失达几亿元甚至几十亿元。

冰雹危害作物

许多人在雷暴天气中曾遭遇过冰雹，通常这些冰雹最大不会超过垒球大小，它们从暴风雨云层中落下。然而，有的时候冰雹的体积却很大，曾经有128千克的冰雹从天空中降落。最神秘的是天空无云层状态下巨大的冰雹从天垂直下落，曾有许多事件证实飞机机翼遭受冰雹袭击，目前科学家仍无法解释为什么会出现如此巨大的冰雹。

冰雹的防治

（1）预报。20世纪80年代以来，随着天气雷达、卫星云图接收、计算机和通信传输等先进设备在气象业务中大量使用，大大提高了对冰雹活动的跟踪监测能力。当地气象台（站）发现冰雹天气，立即向可能影响的气象台、站通报。各级气象部门将现代化的气象科学技术与长期积累的预报经验相结合，综合预报冰雹的发生、发展、强度、范围及危害，使预报准确率不断提高。为了尽可能提早将冰雹预警信息传送到各级政府领导和群众中去，各级气象部门通过各地电台、电视台、电话、微机服务终端和灾害性天气警报系统等媒体发布"警报"、"紧急警报"，使社会各界和广大人民群众提前采取防御措施，避免和减轻了灾害损失，取得了明显的社会和经济效益。

（2）防治。我国是世界上人工防雹较早的国家之一。我国雹灾严重，防雹工作始终得到了政府的重视和支持。目前，已有许多省建立了长期试验点，并进行了严谨的试验，取得了不少有价值的科研成果。开展人工防雹，使其向人们期望的方向发展，达到减轻灾害的目的。目前常用的方法有：①用火箭、高炮或飞机直接把碘化银、碘化铅、干冰等催化剂送到云里去。②在地面上把碘化银、碘化铅、干冰等催化剂在积雨云形成以前送到自由大气里，让这些物质在雹云里起雹胚作用，使雹胚增多，冰雹变小。③在地面上向雹云放火箭、打高炮，或在飞机上对雹云放火箭、投炸弹，以破坏对雹云的水分输送。④用火箭、高炮向暖云部分撒凝结核，使云形成降水，以减少云中的水分；在冷云部分撒冰核，以抑制雹胚增长。

（3）农业防雹措施。常用方法有：①在多雹地带，种植牧草和树木，增加森林面积，改善地貌环境，破坏雹云条件，达到减少雹灾目的；②增种抗雹和恢复能力强的农作物；③成熟的作物及时抢收；④多雹灾地区降雹季节，农民下地随身携带防雹工具，如竹篮、柳条筐等，以减少人身伤亡。

风暴潮

风暴潮是一种灾害性的气象现象。由于剧烈的大气扰动，如强风和气压骤变（通常指台风和温带气旋等灾害性天气系统）导致海水异常升降，使受其影响的海区的潮位大大地超过平常潮位的现象，称为风暴潮。又可称"风

"风暴海啸"——风暴潮

暴增水"、"风暴海啸"、"气象海啸"或"风潮"。

风暴潮根据风暴的性质,通常分为由台风引起的台风风暴潮、由温带气旋引起的温带风暴潮2大类。

(1) 台风风暴潮,多见于夏秋季节。其特点是来势猛、速度快、强度大、破坏力强。凡是有台风影响的海洋国家、沿海地区均有台风风暴潮发生。

(2) 温带风暴潮,多发生于春秋季节,夏季也时有发生。其特点是增水过程比较平缓,增水高度低于台风风暴潮。主要发生在中纬度沿海地区,以欧洲北海沿岸、美国东海岸以及我国北方海区沿岸为多。

风暴潮成灾因素

风暴潮能否成灾,在很大程度上取决于其最大风暴潮位是否与天文潮高潮相叠,尤其是与天文大潮期的高潮相叠。当然,也决定于受灾地区的地理位置、海岸形状、岸上及海底地形,尤其是滨海地区的社会及经济(承灾体)情况。如果最大风暴潮位恰与天文大潮的高潮相叠,则会导致发生特大潮灾,如8923和9216号台风风暴潮。1992年8月28日至9月1日,受第16号强热带风暴和天文大潮的共同影响,我国东部沿海发生了1949年以来影响范围最广、损失非常严重的一次风暴潮灾害。潮灾先后波及福建、浙江、上海、江苏、山东、天津、河北和辽宁等省、市。风暴潮、巨浪、大风、大雨的综合影响,使南自福建东山岛,北到辽宁省沿海的近万千米的海岸线遭到不同程度的袭击。受灾人口达2 000多万,死亡194人,毁坏海堤1 170千米,受灾农田193.3万公顷,成灾33.3万公顷,直接经济损失90多亿元。

当然,如果风暴潮位非常高,虽然未遇天文大潮或高潮,也会造成严重潮灾。8007号台风风暴潮就属于这种情况。当时正逢天文潮平潮,由于出现了5.94米的特高风暴潮位,仍造成了严重风暴潮灾害。依国内外风暴潮专家的意见,一般把风暴潮灾害划分为4个等级,即特大潮灾、严重潮灾、较大潮灾和轻度潮灾。

风暴潮历史灾害

风暴潮灾害居海洋灾害之前列,世界上绝大多数因强风暴引起的特大海岸灾害都是由风暴潮造成的。

在孟加拉湾沿岸,1970年11月13日发生了一次震惊世界的热带气旋风暴潮灾害。这次增水超过6米的风暴潮夺去了恒河三角洲一带30万人的生命,溺死牲畜50万头,使100多万人无家可归。1991年4月的又一次特大风暴潮,在有了热带气旋及风暴潮警报的情况下,仍然夺去了13万人的生命。

风暴潮形成的灾害

1959年9月26日,日本伊势湾名古屋一带地区,遭受了日本历史上最严重的风暴潮灾害。最大风暴增水曾达3.45米,最高潮位达5.81米。当时,伊势湾一带沿岸水位猛增,暴潮激起千层浪,汹涌地扑向堤岸,防潮海堤短时间内即被冲毁,造成了5 180人死亡,伤亡合计7万余人,受灾人口达150万,直接经济损失852亿日元(1959年价)。

美国也是一个频繁遭受风暴潮袭击的国家,并且和我国一样,既有飓(台)风风暴潮又有温带大风风暴潮。1969年登陆美国墨西哥湾沿岸"卡米尔-Camille"飓风风暴潮曾引起了7.5米的风暴潮,这是迄今为止位列世界第一潮高的风暴潮记录。历史上,荷兰曾不止一次被海水淹没,又不止一次地从海洋里夺回被淹没的土地。这些被防潮大堤保护的土地约占荷兰全部国土的3/4。荷兰、英国、波罗的海沿岸地区、美国东北部海岸和中国的渤海,都是温带风暴潮的易发区域。

中国历史上，由于风暴潮灾造成的生命财产损失触目惊心。1782年清代的一次强温带风暴潮，曾使山东无棣至潍县等7个县受害。1895年4月28、29日，渤海湾发生风暴潮，毁掉了大沽口几乎全部建筑物，整个地区变成一片"泽国"，"海防各营死者2 000余人"。

1922年8月2日一次强台风风暴潮袭击了汕头地区，造成特大风暴潮灾。据史料记载和我国著名气象学家竺可桢先生考证，有7万余人丧生，更多的人无家可归流离失所。这是20世纪以来我国死亡人数最多的一次风暴潮灾害。据《潮州志》载，台风"震山撼岳，拔木发屋，加以海汐骤至，暴雨倾盆，平地水深丈余，沿海低下者且数丈，乡村多被卷入海涛中"。"受灾尤烈者，如澄海之外沙，竟有全村人命财产化为乌有。"该县有一个1万多人的村庄，死于这次风暴潮灾的竟达7 000多人。当地政府对此不闻不问，结果疫病横行，又死了2 000多人。记录到的这次风暴潮值为3.65米，台风风力超过了12级。

据统计，汉代至公元1946年的2000年间，我国沿海共发生特大潮灾576次，一次潮灾的死亡人数少则成百上千，多则上万及至10万之多。

在近几十年中，我国曾多次遭到风暴潮的袭击，也造成了巨大的经济损失和人员伤亡。1956年第12号强台风引起的特大风暴潮，使浙江省淹没农田40万亩，死亡人数4 629人；1969年第三号强台风登陆广东惠来，造成汕头地区特大风暴潮灾，汕头市进水，街道漫水1.5~2米，牛田洋大堤被冲垮。在当地政府及军队奋力抢救下，仍有1 554人丧生，但较1922年同一地区相同强度的风暴潮，死亡人数减少了98%。1964年4月5日发生在渤海的温带气旋风暴潮，使海水涌入陆地20~30千米，造成了1949年以来渤海沿岸最严重的风暴潮灾。黄河入海口受潮水顶托，浸溢为患，加重了灾情，莱州湾地区及黄河口一带人民生命财产损失惨重；另一次是1969年4月23日，同一地区的温带风暴潮使无棣至昌邑、莱州的沿海一带海水内侵达30~40千米。

进入21世纪以来，风暴潮仍旧没有"放过"我国，致使近些年我国沿海地区遭受莫大损失。

气象灾害

知识点

天文潮

由天文因素影响所产生的海洋潮汐称天文潮。天文潮是地球上海洋受月球和太阳引潮力作用所产生的潮汐现象。它的高潮和低潮潮位和出现时间具有规律性,可以根据月球、太阳和地球在天体中相互运行的规律进行推算和预报。

由月球引力产生的称为"太阴潮";由太阳引力产生的称为"太阳潮"。因月球与地球的距离较近,月球引潮力为太阳引潮力的数倍,故海洋潮汐现象以太阴潮为主。

可怖的海啸

海啸是一种具有强大破坏力的海浪。水下地震、火山爆发或水下塌陷和滑坡等大地活动都可能引起海啸。当地震发生于海底,因震波的动力而引起海水剧烈的起伏,形成强大的波浪,向前推进,将沿海地带一一淹没的灾害,称之为海啸。

海啸在许多西方语言中称为"tsunami",词源自日语"津波",即"港边的波浪"("津"即"港")。这也显示出了日本是一个经常遭受海啸袭击的国家。目前,人类对地震、火山、海啸等突如其来的灾变,只能通过观察、预测来预防或减少它们所造成的损失,还不能阻止它们的发生。

地球强大的自然力——海啸

变幻莫测的气候

海啸通常由震源在海底下50千米以内、里氏地震规模6.5以上的海底地震引起。海啸波长比海洋的最大深度还要大，在海底附近传播也没受多大阻滞，不管海洋深度如何，波都可以传播过去。海啸在海洋的传播速度大约500~1 000千米/时，而相邻两个浪头的距离也可能远达500~650千米，当海啸波进入陆棚后，由于深度变浅，波高突然增大，它的这种波浪运动所卷起的海涛，波高可达数十米，并形成"水墙"。

由地震引起的波动与海面上的海浪不同，一般海浪只在一定深度的水层波动，而地震所引起的水体波动是从海面到海底整个水层的起伏。此外，海底火山爆发、土崩及人为的水底核爆也能造成海啸。此外，陨石撞击也会造成海啸，"水墙"可达百尺。而且陨石造成的海啸在任何水域也有机会发生，不一定在地震带。不过，陨石造成的海啸可能千年才会发生一次。

海啸同风产生的浪或潮是有很大差异的。微风吹过海洋，泛起相对较短的波浪，相应产生的水流仅限于浅层水体。猛烈的大风能够在辽阔的海洋卷起高度3米以上的海浪，但也不能撼动深处的水。而潮汐每天席卷全球2次，它产生的海流跟海啸一样能深入海洋底部，但是海啸并非由月亮或太阳的引力引起，它由海下地震推动所产生，或由火山爆发、陨星撞击或水下滑坡所产生。海啸波浪在深海的速度能够超过700千米/时，可轻松地与波音747飞机保持同步。虽然速度快，但在深水中海啸并不危险，低于几米的一次单个波浪在开阔的海洋中其长度可超过750千米这种作用产生的海表倾斜如此之细微，以致这种波浪通常在深水中不经意间就过去了。海啸是静悄悄地不知不觉地通过海洋，然而如果出乎意料地在浅水中它会达到灾难性的高度。

地震发生时，海底地层发生断裂，部分地层出现猛然上升或者下沉，由此造成从海底到海面的整个水层发生剧烈"抖动"。这种"抖动"与平常所见到的海浪大不一样。海浪一般只在海面附近起伏，涉及的深度不大，波动的振幅随水深衰减很快。地震引起的海水"抖动"则是从海底到海面整个水体的波动，其中所含的能量惊人。

海啸时掀起的狂涛骇浪，高度可达10多米至几十米不等，形成"水墙"。另外，海啸波长很大，可以传播几千千米而能量损失很小。由于以上原因，如果海啸到达岸边，"水墙"就会冲上陆地，对人类生命和财产造成严重威胁。

海啸可分为4种类型，即由气象变化引起的风暴潮，火山爆发引起的火山海啸，海底滑坡引起的滑坡海啸和海底地震引起的地震海啸。

中国地震局提供的材料说明，地震海啸是海底发生地震时，海底地形急剧升降变动引起海水强烈扰动。其机制有2种形式："下降型"海啸和"隆起型"海啸。

（1）"下降型"海啸：某些构造地震引起海底地壳大范围的急剧下降，海水首先向突然错动下陷的空间涌去，并在其上方出现海水大规模积聚，当涌进的海水在海底遇到阻力后，即翻回海面产生压缩波，形成长波大浪，并向四周传播与扩散。这种下降型的海底地壳运动形成的海啸在海岸首先表现为异常的退潮现象。1960年智利地震海啸就属于此种类型。

（2）"隆起型"海啸：某些构造地震引起海底地壳大范围的急剧上升，海水也随着隆起区一起抬升，并在隆起区域上方出现大规模的海水积聚，在重力作用下，海水必须保持一个等势面以达到相对平衡，于是海水从波源区向四周扩散，形成汹涌巨浪。这种隆起型的海底地壳运动形成的海啸波在海岸首先表现为异常的涨潮现象。1983年5月26日，中日本海7.7级地震引起的海啸属于此种类型。

大自然的复仇——全球气候变暖

前文我们提到影响气候的变化的原因可能是自然的内部进程，或是外部强迫，或者是人为地持续对大气组成成分和土地利用的改变。既有自然因素，也有人为因素，自然因素我们是不好改变的，但是人为因素呢？全球气候变暖，这个令世界所有人都担忧的问题，我们该怎么看待，我们该怎样去做？……

太多的气候与环境问题问题该需要解决，但是在解决问题之前，我们该看清问题的本末。接下来就为大家介绍关于全球气候变暖的问题。

气候变暖的原因

全球变暖指的是在一段时间中,地球的大气和海洋温度上升的现象,主要是指人为因素造成的温度上升。原因很可能是由于温室气体排放过多造成的。

全球变暖致使海平面上升

由于人们焚烧化石矿物以生成能量或砍伐森林并将其焚烧时产生的二氧化碳等多种温室气体,由于这些温室气体对来自太阳辐射的可见光具有高度的透过性,而对地球反射出来的长波辐射具有高度的吸收性,能强烈吸收地面辐射中的红外线,也就是常说的"温室效应",导致全球气候变暖。100多年来,全球平均气温经历了冷→暖→冷→暖两次波动,总的看为上升趋势。进入20世纪80年代后,全球气温明显上升。全球变暖的后果,会使全球降水量重新分配,冰川和冻土消融,海平面上升等,既危害自然生态系统的平衡,更威胁人类的食物供应和居住环境。

全球大气层和地表这一系统就如同一个巨大的"玻璃温室",使地表始终维持着一定的温度,产生了适于人类和其他生物生存的环境。在这一系统中,大气既能让太阳辐射透过而达到地面,同时又能阻止地面辐射的散失,我们把大气对地面的这种保护作用称为大气的温室效应。造成温室效应的气体称为"温室气体",它们可以让太阳短波辐射自由通过,同时又能吸收地表发出的长波辐射。这些气体有二氧化碳、甲烷、氯氟化碳、臭氧、氮的氧化物和水蒸气等,其中最主要的是二氧化碳。100多年来全球的气候正在逐渐变暖,与此同时,大气中的温室气体的含量也在急剧地增加。许多科学家都认为,温室气体的大量排放所造成温室效应的加剧可能是全球变暖的基本原因。

人类燃烧煤、油、天然气和树木,产生大量二氧化碳和甲烷进入大气层后使地球升温,使碳循环失衡,改变了地球生物圈的能量转换形式。自工业革命以来,大气中二氧化碳含量增加了25%,远远超过科学家可能勘测出来的过去16万年的全部历史纪录,而且目前尚无减缓的迹象。

全球变暖的原因很多,概括以后有以下几点:

(1) 人口剧增因素。

近几十年来人口的剧增是导致全球变暖的主要因素之一。同时,这也严重地威胁着自然生态环境间的平衡。这样多的人口,每年仅自身排放的二氧化碳就将是一个惊人的数字,其结果就将直接导致大气中二氧化碳的含量不断地增加,这样形成的二氧化碳"温室效应"将直接影响着地球表面气候变化。

(2) 大气环境污染因素。

目前,环境污染的日趋严重已构成一全球性重大问题,同时也是导致全球变暖的主要因素之一。现在,关于全球气候变化的研究已经明确指出了自19世纪末起地球表面的温度就已经开始上升。

(3) 海洋生态环境恶化因素。

目前,海平面的变化是呈不断地上升趋势,根据有关专家的预测,到21世纪中叶,海平面可能升高50厘米。如不采取及时措施,将直接导致淡水资源的破坏和污染等不良后果。另外,陆地活动场所产生的大量有毒性化学废料和固体废物等不断地排入海洋;发生在海水中的重大泄(漏)油事件以及由人类活动而引发的沿海地区生态环境的破坏等,都是导致海水生态环境遭到破坏的主要因素。

(4) 土地遭侵蚀、沙化等破坏因素。

造成土壤侵蚀和沙漠化的主要原因是不适当的农业生产。众所周知,良好的植被能保持水土流失。但到目前为止,人类活动如为获取木材而过度砍伐森林、开垦土地用于农业生产以及过度放牧等原因,仍在严重地破坏着植被。目前全世界平均每分钟有20公顷森林被破坏,10公顷土地沙化,4.7万吨土壤被侵蚀。土壤侵蚀使土壤肥力和保水性下降,从而降低土壤的生物生产力及其保持生产力的能力;并可能造成大范围洪涝灾害和沙尘暴,给社会

变幻莫测的气候

造成重大经济损失,并恶化生态环境。

(5) 森林资源锐减因素。

在世界范围内,由于受自然或人为的因素,正在造成森林面积大幅度锐减。

自然因素指的是森林资源受极端恶劣气候的变异或者地壳运动而引起的减少。人为因素是指进入工业社会以来,人类大量砍伐森林而导致的全球森林资源锐减。联合国环境规划署报告称,有史以来的全球森林已减少了1/2,主要原因是人类活动。

森林植物具有很好的吸热、遮阴和蒸腾水分的作用。森林植物通过其叶片大量蒸腾水分,消耗城市中的辐射热和来自路面、墙面和相邻物体的反射,从而起到缓解城市热岛效应的作用。当城市森林面积达到30%时,市区气温可降低8%;当面积达到40%时,气温可降低10%;面积达到50%,可降低气温13%。而森林资源正处于锐减的趋势,按照这样看来,全球变暖的因素也要和它有着必然的联系。

(6) 酸雨危害因素。

酸雨给生态环境所带来的影响已越来越受到全世界的关注。酸雨能毁坏森林,酸化湖泊,危及生物等。目前,世界上酸雨多集中在欧洲和北美洲,多数酸雨发生在发达国家,但在一些发展中国家酸雨也在迅速发生、发展。

(7) 物种加速绝灭因素。

地球上的生物是人类的一项宝贵资源,而生物的多样性是人类赖以生存和发展的基础。但是,目前地球上的生物物种正在以前所未有的速度消失。2008年,世界自然保护联盟发布了《2007受威胁物种红色名录》。全球目前有16 306种动植物面临灭绝危机,比起2006年又增加了188种,占了所评估的全部物种的近40%。

(8) 水污染因素。

据全球环境监测系统水质监测项目表明,全球大约有10%的监测河水受到污染。20世纪以来,人类的用水量正在急剧地增加,同时水污染规模也正在不断地扩大,这就形成了新鲜淡水的供与需的一对矛盾。由此可见,水污染的处理将是非常地迫切和重要。

（9）有毒废料污染因素。

不断增长的有毒化学品不仅对人类的生存构成严重的威胁，而且对地球表面的生态环境也将带来危害。

（10）地球周期性公转轨迹的变动。

地球周期性公转轨迹由椭圆形变为圆形轨迹，距离太阳更近。根据科学家们的研究，地球的温度曾经出现过高温和低温的交替，是有一定的规律性的。

中国气象局国家气候中心的专家表示，据世界上许多科学家预测，未来50～100年人类将完全进入一个变暖的世界。由于人类活动的影响，21世纪温室气体和硫化物气溶胶的浓度增加很快，使未来100年全球温度迅速上升，全球平均地表温度将上升1.4～5.8℃。到2050年，我国平均气温将上升2.2℃。

"入冬以来罕见大雾天气频发也是暖冬的一个征兆。"专家说，大雾天气系"暖冬"造成强冷空气非常弱所致。全球变暖的现实正不断地向世界各国敲响警钟，气候变暖已经严重影响到人类的生存和社会的可持续发展，它不仅是一个科学问题，而且是一个涵盖政治、经济、能源等方面的综合性问题，全球变暖的事实已经上升到国家安全的高度。

大气中二氧化碳排放量增加是造成地球气候变暖的根源。国际能源机构的一项调查结果表明，美国、中国、俄罗斯和日本的二氧化碳排放量几乎占全球总量的1/2。调查表明，美国二氧化碳排放量居世界首位，年人均二氧化碳排放量约20吨，排放的二氧化碳占全球总量的23.7%。中国年人均二氧化碳排放量约为2.51吨，约占全球总量的13.6%。

如果全球继续升温

将更多的二氧化碳和温室气体排放到大气中所造成的危害，谁也无法确切地说明将来会有多严重！科学家正在估算气候变化所带来的危害，然而真正理解这一切要到2050年。显然，科学家和政治家都不会等到进一步的结果出来才采取防治措施，现在的观察和研究成果应该都让公众了解，才不至于使人们不得不在几十年后自咽苦果。

变幻莫测的气候

温室效应自地球形成以来,就一直在起作用。如果没有温室效应,地球表面就会寒冷无比,温度就会降到-20℃,海洋就会结冰,生命就不会形成。因此,我们面临的不是有没有温室效应的问题,而是人类通过燃烧化石燃料把大量温室气体排入大气层,致使温室效应与地球气候发生急剧变化的问题。

温室效应会产生什么样的影响呢?由于矿物燃料的燃烧和大量森林的砍伐,致使地球大气中的二氧化碳浓度增加,由于二氧化碳等气体的温室效应,在过去100年里,全球地面平均温度大约已升高了0.3℃~0.6℃,到2030年估计将再升高1℃~3℃。

全球继续升温的后果——冰川消融

当全世界的平均温度升高1℃,巨大的变化就会产生:海平面会上升,山区冰川会后退,积雪区会缩小。由于全球气温升高,就会导致不均衡的降水,一些地区降水增加,而另一些地区降水减少。如西非的萨赫勒地区从1965年以后干旱化严重;我国华北地区从1965年起,降水连年减少,与20世纪50年代相比,现在华北地区的降水已减少了1/3,水资源减少了1/2;我国每年因干旱受灾的面积4亿亩,正常年份全国灌区每年缺水300亿立方米,城市缺水60亿立方米。

从总的方面来说,如果全球继续升温,那么很可能会出现一下后果:

(1)冰川消融,海平面将升高,引起海岸滩涂湿地、红树林和珊瑚礁等生态群丧失。海水入侵沿海地下淡水层,沿海土地盐渍化等,从而造成海岸、河口、海湾自然生态环境失衡,给海岸带生态环境系统带来灾难。

近年来,人们对从巴塔哥尼亚到瑞士的阿尔卑斯山地区的冰川因为"温室"气体的排放和普遍认为的南极冰川融化速度加快温室效应而融化的情况进行了观察。在南亚地区,问题并不是冰川是否在融化,而是融化的速度有多快。虽然全球变暖的许多不良影响可能要到21世纪末才会变得非常严重,但是尼泊尔、印度、巴基斯坦、中国和不丹等地的冰川融水可能很快就会给人们造成麻烦。

国际冰雪委员会（ICSI）的一份研究报告指出："喜马拉雅地区冰川后退的速度比世界其他任何都要快。如果目前的融化速度继续下去，这些冰川在2035年之前消失的可能性非常之大。"国际冰雪委员会负责人塞义德·哈斯内恩说："即使冰川融水在60~100年的时间里干涸，这一生态灾难的影响范围之广也将是令人震惊的。"

位于恒河流域的喜马拉雅山东部地区冰川融化的情况最为严重，那些分布在"世界屋脊"上的从不丹到克什米尔地区的冰川退缩的速度最快。以长达3千米的巴尔纳克冰川为例，这座冰川是4 000万~5 000万年前印度次大陆与亚洲大陆发生碰撞而形成的许多冰川之一，自1990年以来，它已经后退了500米。在经过了1997年严寒的亚北极区冬季之后，科学家们曾经预计这条冰川会有所扩展，但是它在1998年夏天反而进一步后退了。

（2）水域面积增大。水分蒸发也更多了，雨季延长，水灾正变得越来越频繁。遭受洪水泛滥的机会增大，遭受风暴影响的程度和严重性加大，水库大坝寿命缩短。

（3）水温升高可能会让南极大陆和北冰洋的冰雪融化，北极熊和海象将灭绝。

（4）许多小岛将无影无踪。

（5）将感染疟疾等传染病。哈佛大学新病和复发病研究所的保罗·爱泼斯坦注意到，植物也随雪线而移动，全世界山峰上的植物都在上移。随着山峦顶峰的变暖，海拔较高处的环境也越来越有利于蚊子和它们所携带的疟原虫子这样的微生物生存。

西尼罗病毒、疟疾、黄热病等热带传染病，自1987年以来在美国的佛罗里达、密西西比、得克萨斯、亚利桑那、加利福尼亚和科罗拉多等地相继爆发，一再证实了专家们关于气候变暖、一些热带疾病将向较冷的地区传播的科学推断。

（6）因为还有热力惯性的作用，现有的温室气体还将继续影响我们的生活。

（7）温度升高，会影响人的生育，精子的活性随温度升高而降低……

（8）上文我们说过，由于气温升高，在过去100年中全球海平面每年以1～2毫米的速度在上升，预计到2050年海平面将继续上升30～50厘米。而这将淹没沿海大量低洼土地。此外，由于气候变化导致旱涝、低温等气候灾害加剧，造成了全世界每年约数百亿美元以上的经济损失。问题如果按这个速度发展发展下去却不采取措施的话，那将是怎样的一个经济损失！

（9）关于全球变暖的另一项研究结果更令人吃惊，由北极冰原融化，降雨量增加，以及风的类型的不断改变，大量淡水正汇入北冰洋，从而对墨西哥湾暖流造成破坏。正是这些暖流把温暖的表层水从加勒比海带到欧洲西北部，并使欧洲形成温暖的气候。而墨西哥暖流一旦因全球变暖被切断后，欧洲西北部温度可能会下降5℃～8℃之多，欧洲可能面临一次新的冰河时代！

这项研究是位于阿伯丁的苏格兰海洋实验所分析了设在兰群岛海域到法罗群岛海域之间自1893年以来的1.7万多次海水盐度测量结果得出的。在过去的每20年中，流向南部的深层海水盐度变得越来越小，浓度越来越低，这表明有更多的淡水从大西洋北部汇入了该地区。这些新数据第一次充分证明了德国科学家在大约3年前设计的计算机模型。

大气中的二氧化碳的含量急剧升高，而世界人口将在2050年之前达到100亿。"我们的世界正在朝着由人造设施来代替现有免费自然资源的方向发展"，明尼苏达大学的戴维·蒂尔曼说。但是，我们还没有掌握自然生态系统的有关知识。在2.45亿年前的二叠纪大灭绝中，96%的物种灭亡了。后来随着许多新物种的出现，地球上终于恢复了丰富的种群，但是这个过程足足经历了1亿年。威尔逊说："一些人认为，自然界会复兴人类所毁灭的一切。"谚语云："只要有足够的时间，万物皆可应运而生。"或许自然界真的能够恢复一切，但这个漫长的过程对于现代人类无论如何是没有意义的。

马克·吐温曾经说过，天气最动人的特质就在于它的变化多端。1个多世纪过去了，我们仍然在为准确预报天气情况而努力，在控制气候方面却收效甚微，然而对环境的破坏却是史无前例的，气候变暖将引发许多问题。

（1）生态。①全球气候变暖导致海平面上升，降水重新分布，改变了当前的世界气候格局。②全球气候变暖影响和破坏了生物链、食物链，带来更为严重的自然恶果。例如，有一种候鸟，每年从澳大利亚飞到我国东北过夏天，但由于全球气候变暖使我国东北气温升高，夏天延长，这种鸟离开东北的时间相应变短，再次回到东北的时间也相应延后。结果导致这种候鸟所吃的一种害虫泛滥成灾，毁坏了大片森林。③有关环境的极端事件增加，比如干旱、洪水等。

（2）政治。限制二氧化碳的排放量就等于是限制了对能源的消耗，必将对世界各国产生制约性的影响。应在发展中国家"减排"，还是在发达国家"减排"，成为各国讨论的焦点问题。发展中国家的温室气体排放量不断增加，2013年后的"减排"问题必然会集中在发展中国家。有关阻止全球气候变暖的科学问题必然引发"南北关系"问题，从而使气候问题成为一个国际性政治问题。

（3）气候。全球气候变暖使大陆地区，尤其是中高纬度地区降水增加，非洲等一些地区降水减少。有些地区极端天气气候事件（厄尔尼诺、干旱、洪涝、雷暴、冰雹、风暴、高温天气和沙尘暴等）出现的频率与强度增加。

（4）海洋。随着全球气温的上升，海洋中蒸发的水蒸气量大幅度提高，加剧了变暖现象，而海洋总体热容量的减小又可抑制全球气候变暖。另外，由于海洋向大气层中释放了过量的二氧化碳，因而真正的罪魁祸首是海洋中的浮游生物群落。

（5）农作物。全球气候变暖对农作物生长的影响有利有弊。①全球气温变化直接影响全球的水循环，使某些地区出现旱灾或洪灾，导致农作物减产，且温度过高也不利于作物生长。②降水量增加尤其在干旱地区会积极促进农作物生长。全球气候变暖伴随的二氧化碳含量升高也会促进农作物的光合作用，从而提高产量。

减缓全球变暖问题

地球升温使地球在多个方面发生了变化，其中的一些变化本身也会抑制地球升温的趋势。

（1）地球升温使地球上的部分冰雪消融，全球液态水总量增加。而液态巨型空中森林水的比热高于冰雪，因温室效应而增加的热量因为地球上液态水总量增加而未使水的温度显著上升，因温室效应而增加的热量虽然使地球上的岩石、土地等温度显著上升，但由于其与地球上的液态水发生热交换，使整个地球不再显著升温，一定程度上抵消了温室效应，延缓了地球上冰雪的融化。

（2）地球升温使地球上的绿色植物生长旺盛，其光合作用比地球升温前吸收了更多的二氧化碳（温室气体的主要部分），固定了一部分温室气体，使这部分温室气体不再阻止地球上的热量向外辐射，也在一定程度上抵消了温室效应。

地球升温使地球上液态水总量增加，绿色植物吸收更多温室气体，反过来延缓了地球升温的趋势，有利于达到均衡。当然，随着地球升温趋势的缓解，地球上液态水增量和被吸收的主要温室气体增量越来越小，如果不减少二氧化碳等温室气体的排放量，地球又会升温，在地球上引起新一轮的液态水总量增加和绿色植物生长峰值，再次延缓地球升温的趋势。所以，在不减少二氧化碳等温室气体排放量的情况下，上述均衡会交替地形成和打破，如此循环使地球气温较之以前发生更大的波动，而不是单调递增；而如果减少二氧化碳等温室气体的排放或将排放的温室气体固定，可平复地球气温的波动。

科学家们提出了一个大胆的想法，要围绕地球建立一个由小微粒或太空飞船组成的人工太空环，遮蔽热带阳光，调节地球温度。

不过，一些反对者认为，这种想法肯定会有一些副作用，一个能够对太阳光进行有效散射的粒子带将会使我们的每个夜空都变成和满月时一样明亮；而且这一计划的预算将高得惊人，可能达到6万亿~200万亿美元，就连全球资金最为充足的科研机构美国航空航天局也无法承担。如果把散射粒子改为太空飞船的话，预算额可能会少一些，估计能降到5 000亿美元左右。

地球诞生以来，大气温度曾经几度升降，太阳辐射、云层遮蔽和温室气体等各种因素都曾经或正在影响着我们的气候。如果给地球围上一个粒子或飞船组成的"腰带"的话，赤道上空就会出现一个阴影，要部署这些粒子，就必须使用一些专门的控制飞船，像牧羊犬一样照看粒子群。

有科学家指出，减少太阳光照射，地球温度就会降低，而一些地面或太空系统完全可以实现这一目的。不过,有科学家指出,人们目前还无法计算出地球到底能吸收多少阳光,又有多少阳光被反射回太空,而这正是实施上述计划的关键一步。

英国《观察家报》最近援引研究人员的话说,砍倒大树并开垦第一片田地的史前农民使地球大气中甲烷和二氧化碳等温室气体含量发生了很大变化,全球气温因此逐渐回升。美国弗吉尼亚大学教授威谦·拉迪曼说:"要不是早期农业活动带来的温室气体,目前地球气温很可能还是冰川时期的气温。"研究表明,如果没有人类干预,地球会比现在低2℃,蔓延的冰盖和冰川会影响世界很多地区。人类排放的一些气体如二氧化碳、甲烷、氯氟烃等具有吸收红外线辐射的功能,这些气体被称为"温室气体"。它们在大气中大量存在,如同一个罩子,把地面上散发的热量阻挡,就像"暖房"一样,造成地表温度的上升。科学家们认为,控制温室气体的排放,可能会控制全球气候变暖,防止生态平衡破坏、农业变异、冰川融化等灾害发生。

当然,根据现代环境科学研究,对温室效应和全球气候变暖的相关程度,还在进一步探索。但人们确实已经感受到全球气候变暖和异常,在这方面,科学家提出控制温室气体排放量也许是防患于未然吧。

排放温室气体的人类活动包括:所有的化石能源燃烧活动排放二氧化碳。在化石能源中,煤含碳量最高,石油次之,天然气较低;化石能源开采过程中的煤炭瓦斯、天然气泄漏排放二氧化碳和甲烷;水泥、石灰、化工等工业生产过程排放二氧化碳;水稻田、牛羊等反刍动物消化过程排放甲烷;土地利用变化影响对二氧化碳的消纳;废弃物排放甲烷和氧化亚氮。人类燃烧煤、油、天然气和树木,产生大量二氧化碳和甲烷进入大气层后使地球升温,使碳循环失衡,改变了地球生物圈的能量转换形式。

世界上的森林主要分为寒带(北方)森林、温带森林和热带森林3类。据专家介绍,今天的森林生态系统,是大自然经过8 000年的进化才逐渐形成的。今天,所有的原始森林都沦为伐木业大规模开采利用的目标。在热带地区,许多现在已荡然无存的森林就是在过去的50年被砍伐一空的。仅1960~1990年,就有超过4.5亿公顷的热带森林被吞噬,占世界热带森林总面积的20%;还有数百万公顷的热带森林在砍伐、农田开垦和矿产开采中退化。

而且,全球的非法砍伐和非法木材产品交易还在继续加剧,尤其是在拥有热带森林的发展中国家和政府执法不力的俄罗斯等国。而国际市场对廉价木材产品的需求,又进一步恶化了这一状况。

政府间气候变化问题小组根据气候模型预测,到2100年为止,全球气温估计将上升大约1.4~5.8℃。根据这一预测,全球气温将出现过去10万年中从未有过的巨大变化,从而给全球环境带来潜在的重大影响。

天气灾害的警示

破坏环境必将深受其害

距离泰国曼谷不到40千米的龙仔厝府潘泰诺拉新村本来是一个美丽而宁静的村庄,拥有特殊的生态环境和适合种植林业的黏土资源,因此,这里周边的红树林一直生长得相当茂盛。红树林具有防风消浪、促淤保滩、固岸护堤、净化海水和空气等功能,素有"海岸卫士"的美誉。也正因此,村民们虽然生活不算富裕,但得以世世代代在这里平安地劳作。

然而,由于几十年前当地政府实施鼓励人工养虾的政策,致使本应被树林和植物覆盖的区域变成了养虾塘,加上人们对海水资源的过度开发以及全球气候的变暖,当地海水上涨现象越来越严重,直至将原本属于小村庄的土地完全淹没,村民世世代代居住的家园被毁灭。

为抵抗海水的进一步侵袭,潘泰诺拉新村实施了一个名为"竹篱笆"的工程,即在离岸边100米处的浅海区域内用竹子筑成2排长达2千米的竹篱笆,两排篱笆之间相隔50米。这项工程不仅有效阻止了海浪对村庄的进一步侵袭,同时还能最大限度地保留这片浅海域中鱼虾等生物的生存。

与此同时,村民们也意识到了红树林的重要性,他们将海岸附近原本用于人工养虾的区域全部用于种植红树类植被,以对抗海水的上涨和海浪的冲击。

相同的遭遇，不同的命运

也许潘泰诺拉新村是以人力对抗气候变化问题的一个成功案例，可是距离该村不到15千米的北榄府班孔萨姆金村就不那么幸运了。同样位于泰国湾沿岸的班孔萨姆金村由于地形原因，受到来自3个方向海浪的冲击，无法套用潘泰诺拉新村同样的"竹篱笆"工程模式。目前，班孔萨姆金村只有在海水中建起高达数米的水泥柱以暂时抵挡海水入侵，但水泥柱所需的高昂花费根本不是这个贫困的小渔村所能负担的。该村共有17户人家，短短10年间，由于海浪的侵袭，村子已经往后推延了数千米，几乎每一户人家都被迫搬迁5到8次，以躲避海水的漫延。不远处的海水中还能看见一些若隐若现的房屋残骸，而散布在海平面上的数根电线杆在提醒着人们，这片汪洋曾经也是一片平静安详的乐土。

孔萨姆塔拉瓦寺庙是班孔萨姆金村最重要和最古老的寺庙。近年来，海水平均每年上涨25厘米，导致寺庙四周被海水淹没，面积仅存7%，与村子之间只能通过人工搭建的木桥相联结。寺庙住持阿提甘说，"也许再过二十年到三十年，孔萨姆塔拉瓦寺将不复存在。"

大自然向人们敲起警钟

泰国湾沿岸的两个小渔村看似截然不同的命运，无疑都是全球气候变化的牺牲品。其实，气候变化带来的影响何止这些。最近发生在东南亚的若干自然灾害无一例外都是气候变化的结果。

2009年9月26日，热带风暴"凯萨娜"登陆菲律宾，在当地引发严重洪灾和山体滑坡。此后数天内，"凯萨娜"连续侵袭越南、柬埔寨、老挝和泰国，给上述国家带来惨重的人员和财产损失；10月3日，台风

"凯萨娜"登陆菲律宾

"芭玛"袭击菲律宾,给尚未从"凯萨娜"阴影中恢复过来的菲律宾再次带来沉重的打击。

这一系列令人震惊的灾难给东南亚各国带来不可磨灭的深远影响,也再一次向人类肆意破坏环境的行为敲响了警钟。

来自世界自然基金会的有关报告指出,大湄公流域地区是世界上受到气候变化威胁最为严重的三个地区之一,降雨模式的改变、全球气温上升等因素,都将导致该地区农业和渔业产量急剧下降,并将对该地区生态系统起到不可估量的持续性破坏作用。

由此可见,保护环境、防止气候变暖确实已经刻不容缓。

气候的恶化,说到底还是人类自身的原因,人为因素是导致气候变化的直接原因,所以,最应该反思的还是人类本身。众所周知,"温室气体"主要有二氧化碳、甲烷、氯氟化碳、臭氧、氮的氧化物和水蒸气等,其中最主要的是二氧化碳,而二氧化碳以外的温室气体,如甲烷、氯氟烃(氟利昂)、氧化氮等也在不同程度地增加着。许多科学家都认为,温室气体的大量排放所造成温室效应的加剧可能是全球变暖的基本原因。

另外,人口膨胀,超载超量,过度开垦,乱砍滥伐也是导致全球变暖的主要因素。我们已经知道,今天的森林生态系统是大自然经过8000年的进化才逐渐形成的。今天,所有的原始森林都沦为伐木业大规模开采利用的目标。想必大多数朋友都读过《狼图腾》,书中记载的草原沙化问题大家可能记忆犹新。破坏草原的不是天,而是人,人们过度的猎狼间接地破坏了生态平衡。狼是食物链当中的一个重要环节,狼没有了,羊和许多以狼为天敌的草食性动物大量繁殖,繁殖速度远远超过了草原的繁殖速度,从而导致了草原的退化,草原沙漠化的程度达到了惊人的地步。绿色植物的逐渐消失,破坏了生态平衡,气候也受到了影响。人们在追求经济利益的同时,忽略了自然界的生态平衡,从长远利益来看威胁到了子孙后代的生存,这与当今所提倡的可持续发展战略相背离。

人类文明发展到今天,生活水平已经达到了一个相当高的水平,没有哪个时代像今天这样繁花似锦。高楼耸立,汽车川流不息,人们的衣、食、住、行都得到了空前的提高。另一方面,人类付出的代价也是极为巨大的,单从环境这一点，人们就应该好好地反思。空气污染，水资源短缺，气温升高，海平面上升，这些在未来的某一天极有可能成为制约人类文明继续发展的因素。我们决不能吃祖宗饭，断子孙路，否则，人类社会将无以为继。现在，气温已经向人类发出了警告，接下来还会发生什么，水资源短缺？臭氧空洞？

保护气候，共建美好家园

海平面整体上升？这些问题会在以后的日子里接踵而至，事态正在发展，也许我们这一代人不会遇上，但是，这并不等于我们的后辈不会遇上。

鉴于此，我们应该吸取教训，从源头上遏制环境的继续恶化。①要根据温度、水资源、生物等气候环境因子的空间格局与演化趋势，调整生产结构与生活方式，从身边的小事做起，哪怕每天少开一次空调，有车一族开环保型车辆。②积极采取多种减缓措施，坚持把减缓气候变化的核心技术作为优先领域，实施节能优先的能源政策，积极开发可再生能源技术、先进核能技术、风能、太阳能以及高效、洁净、低排放的煤炭利用技术和氢能技术。③要转变经济增长模式，改进土地利用方式，加强森林资源的保护和管理，大力植树造林。

地球是我们人类赖以生存的家园，让我们一起携手，保护气候，保护地球，保护生命的摇篮。